高敏感人士的幸福清单

［日］ 武田友纪 著
胡玉清晓 译

中国科学技术出版社
·北 京·

KYO MO ASHITA MO "IIKOTO" GA MITSUKARU "SENSAISAN" NO SHIAWASE LIST
by YUKI TAKEDA
Copyright © 2020 YUKI TAKEDA
Simplified Chinese translation copyright ©2020 by China Science and Technology Press Co., Ltd.
All rights reserved.
Original Japanese language edition published by Diamond, Inc.
Simplified Chinese translation rights arranged with Diamond, Inc.
through Shanghai To-Asia Culture Communication Co., Ltd

北京市版权局著作权合同登记　图字：01-2021-0162

插画作者：北泽平祐

图书在版编目（CIP）数据

高敏感人士的幸福清单 /（日）武田友纪著；胡玉清晓译 .
—北京：中国科学技术出版社，2021.5（2025.5重印）

ISBN 978-7-5046-8978-8

Ⅰ.①高… Ⅱ.①武… ②胡… Ⅲ.①情绪—自我控制—通俗读物 Ⅳ.① B842.6-49

中国版本图书馆 CIP 数据核字（2021）第 041432 号

策划编辑	杜凡如　李　卫	责任编辑	申永刚
封面设计	马筱琨	版式设计	锋尚设计
责任校对	焦　宁	责任印制	李晓霖

出　　版	中国科学技术出版社
发　　行	中国科学技术出版社有限公司
地　　址	北京市海淀区中关村南大街 16 号
邮　　编	100081
发行电话	010-62173865
传　　真	010-62173081
网　　址	http://www.cspbooks.com.cn

开　　本	880mm×1230mm　1/32
字　　数	90 千字
印　　张	6.25
版　　次	2021 年 5 月第 1 版
印　　次	2025 年 5 月第 7 次印刷
印　　刷	北京盛通印刷股份有限公司
书　　号	ISBN 978-7-5046-8978-8/B·64
定　　价	59.00 元

（凡购买本社图书，如有缺页、倒页、脱页者，本社销售中心负责调换）

前言

致感受力强的高敏感人士
—— 你的敏感是"幸福的源泉"

本书旨在帮助高敏感人士利用细腻的感情，感性地去发现日常生活中美好的事物，尽情感受幸福。

"正因为拥有细腻的感情，才能深刻体会到幸福。"出于这样的认知，我会在本书中介绍高敏感人士的优点，以及增强幸福感需要的一些练习。

拿到本书的你也许曾这样想过：

"我会注意身边人没有注意到的小事。"

"对方的情绪只是有一点不对劲，为什么我这么在意呢？"

"我想变得更大胆！"

敏感的人比常人更容易受到光、声音以及他人的情绪等不易察觉的细微之处的影响。因为感受丰富，所以容易感到疲惫，因此也会给身体造成更大的压力。

"每天仅是活着就已经疲惫不堪了，钝感一些能活得更轻松。"这样想也并非没有道理。

然而，敏感之人的"敏感"正是感知幸福的源泉。因为晴天而开心，被周围人的温柔而打动，他们以这种细腻的感情体察日常生活中的美好事物并细细品味。

那么，高敏感人士具体指什么样的人呢？本书中提到的高敏感人士以美国心理学家伊莱恩·阿伦❶博士提出的HSP（Highly Sensitive Person）概念为基础。正如个子有高有矮，对刺激的敏感程度也因人而异，要明白世上存在天生敏感的人。

HSP在日本被译为"非常敏感的人""过于敏感的人"等，但我更愿意亲切地称其为"高敏感人士"。诚实地讲，对身为高敏感人士的我而言，"过于敏感的人"这一称呼并不友好。在我看来，我们不应该把自身的敏感当作需要克服的问题，而

---

❶ 伊莱恩·阿伦（Elaine N.Aron）：美国心理学研究者、大学教授、心理医生和作家，亲密关系研究和高度敏感人士研究领域的领先者。——译者注

是应该将其视为一件好事,让敏感为我们的幸福服务。因此,接下来我都将使用"高敏感人士"这一称呼来进行论述。

非常抱歉,现在才开始自我介绍。我叫武田友纪,是一名高敏感人士咨询师。我曾是制造企业的一名技术工作者,后因工作压力太大而离职,并以此为契机在与高敏感人士的心理状态相关领域开展研究。至此,我改变了此前因一直被自己的感受操纵而感到疲惫不堪、压力不断累积的生活方式。"珍惜敏感的自己",当我这样想的时候,生活也发生了极大的改变,我变得能够利用自己细腻的情感来充分感受日常生活中的幸福。现在,作为一名高敏感人士咨询师,我主要从事的工作是为高敏感人士提供工作和人际关系相关的咨询,以及撰写关于高敏感人士的文章、书籍等。

迄今为止,我已经接受了超过700名高敏感人士的咨询,在各类活动等场合接触到的高敏感人士人数就更多了,累计超过1300名。通过咨询工作我认识到,学会珍惜并合理运用自己的敏感之后,高敏感人士的状态会越来越好。

对天性敏感的高敏感人士而言,敏感是自身的重要组成部分。高敏感人士想要变得具有钝感，就如个子高的人想把身体缩短一样，非但不能发挥自己天然的优势，反而可能会失去自信。当高敏感人士试图变得具有钝感而封锁心门时，这类人便很难感受到生活中的喜悦和心动，久而久之心也会变得"干巴巴"的，容易陷入一种"不知快乐为何物"以及"想做的事情草草了事"的无所谓的状态。

高敏感人士要意识到敏感的好处，将目光投向"让自己感到开心的事"以及倾听"自己的真实想法"，如此一来，幸福时光才能不断延续。例如，周围人的温柔、春天新绿的树叶、用心烹饪的美味佳肴、心中涌起的欢乐等。

坦然接纳自己的敏感并将其视为一件好事，感性之花才能绽放，高敏感人士才能看到一个绚丽缤纷的世界，尽情感受身边的美好事物。

提升幸福感的要点有两个：

1. 远离成果主义，花时间感受并体会过程。
2. 充分利用敏感来为自己创造幸福。

高敏感人士要通过以上两点来引导自己意识到"敏感确实

是一件好事""感知事物能带来快乐",从而欢欣愉悦地度过每一天。

此外,虽然我会在本书中告诉大家很多高敏感人士的优点,但绝对无意比较这一群体和非敏感人士(不敏感的人)二者孰优孰劣。

敏感与否只是个人性格的差异,并不存在高下之分。高敏感人士和非敏感人士各有其优点(例如,某些时刻非敏感人士在高敏感人士张皇失措之际依然能保持镇定)。书写非敏感人士优点的任务就交由他人,本书主要面向高敏感人士,向各位读者介绍高敏感人士的优点。

人与人之间存在个体差异,希望每个人都能悦纳自我,珍视自己的优点。

那么就让我们赶快进入主题吧。欢迎大家和我一起走进能感受到满格幸福的世界!

目 录

绪章　何谓高敏感人士
- 高敏感人士的定义 2
- 高敏感人士诊断测试 5
- 高敏感人士的 4 个特质 8
- 高敏感人士拥有的 6 种幸福 10
- 高敏感人士提高幸福感的 2 个要点 14

第 1 章　富于感受的幸福
- 何谓富于感受的幸福 20
- 感知幸福——留出时间充分感受 24
- 感知幸福——善用感受力 27

- ☐ 美好的事物，安静而细微 30
- ☐ 信息过载时通过输出以消解刺激 34
- ☐ 找到为自己充电的空间 37
- ☐ 珍视"欲望"，增加"美好事物" 40
- ☐ 尽情释放欲望 42
- ☐ 从幸福的感觉中获取心动之物 45
- ☐ 亲近大自然，重拾自己的时间感 49
- ☐ 生活方式的转折点在于"为自己" 53

第 2 章　直觉敏锐的幸福

- ☐ 何谓直觉敏锐的幸福 58
- ☐ 善用直觉选择心动的事物和人 61
- ☐ 适度依靠直觉 63
- ☐ 直觉是感受力的发展形式 66
- ☐ 用语言表述直觉有助于了解自我 69
- ☐ 直觉无法发挥作用时，不妨去书店逛逛 75
- ☐ 直觉带你走向意想不到的幸福 77
- ☐ 在尝试中摸索出自己的道路 80
- ☐ 给未来的自己：打扮能帮你改变生活方式 83
- ☐ 听从内心的声音，人生将全面向好 86

第 3 章　深度思考的幸福

- 何谓深度思考的幸福 90
- 深度思考——瞬间联想 93
- 深度思考——思考问题的本质 95
- 一个人安静地与世界相连 97
- 交替运用直觉和思考，将得到超出想象的结果 100
- 探索自我需要向外输出 102
- 通过书写心情和感受，加强与自己的联系 104
- 在人生的转折点，珍惜直面内心的时刻 106

第 4 章　善于表达的幸福

- 何谓善于表达的幸福 110
- 表达从重视自己的内心开始 113
- 像蚕一样吸收"好内容"，产出"好内容" 116
- 高敏感人士适合社交网络 118
- 被点赞数支配的时候，请确认表达的方向 122
- 用真实的自我与他人产生联结 129
- 致停止创作的你 131
- 活在当下，不迷失自我 134

第 5 章　有责任心的幸福

- □ 何谓有责任心的幸福 138
- □ 延伸有责任心的幸福——做自己认为"好"的事情 141
- □ 延伸有责任心的幸福——不必过分帮助他人 144
- □ 如何应对事故、事件、灾害等新闻 150
- □ 捐款：让心灵平静，让世界变好 153

第 6 章　共情力强的幸福

- □ 何谓共情力强的幸福 158
- □ 高敏感人士善于倾听 161
- □ 选择自己和对方都能接受的倾听方式 162
- □ 共情能力首先用于自身幸福 165
- □ 正确引导自己的感受 167
- □ 为什么"不擅长闲聊" 170
- □ 以深刻共情为向导，重拾自我 177
- □ 放下"相互理解"，和大家一起开怀大笑 180
- □ 接受差异，世界会变得更广阔 182

结束语　接纳自己，拥抱世界　　　　　　　　　184

绪 章

何谓高敏感人士

高敏感人士的
幸福清单

高敏感人士的定义

本章我将在阿伦博士的理论基础上加上个人的理解，向大家介绍关于高敏感人士的定义（已经很了解高敏感人士的读者，请跳转至第19页）。

"长时间和人待在一起会感到疲惫。"

"如果身边有人心情不好，自己就会焦虑。"

"时刻注意细节之处，在工作上花费更多时间。"

"容易感到疲劳和压力。"

你有上述情况吗？

高敏感人士往往会注意到周围人不易察觉的细微之处。他们富于感受力，虽然这常被误解为是由"过分在意""过分认真"等性格特质造成的。然而，阿伦博士的调查显示，平均每5人中就有1人是天生的高敏感人士。他指出，高敏感人士和

绪 章
何谓高敏感人士

非敏感人士大脑的神经系统存在差异。受到光、热等刺激时大脑会兴奋到何种程度,这一点因人而异。但比起非敏感人士,高敏感人士在受到刺激时反应更为强烈。由此可知,敏感是与生俱来的,它和身高一样有先天决定的因素。

不仅是人,马、猴子等高等动物同样如此,其整体的15%~20%对刺激的反应更敏感。或许是为了让种族能够持续生存繁衍下去,群体才会进化出较为敏感谨慎的个体。

还有一项调查是围绕高敏感人士幼时的性情展开的。美国哈佛大学的心理学家杰罗姆·凯根[1]经调查发现,大约20%的婴儿在受到外界刺激时会产生相当敏锐的反应,比如,大幅度摆动手脚、把背部弯曲成弓形像要逃走一样,或者大声哭泣,等等。

孩童时期,感受到同等压力的时候,高敏感人士脑内会分泌更多能引起神经兴奋的物质(去甲肾上腺素)。此外,在神经兴奋或处于戒备状态时,这类儿童脑内分泌的皮质醇也比其

---

[1] 杰罗姆·凯根(Jerome Kagan):美国心理学家,对婴儿和儿童的认知及情绪发展的研究,尤其是对气质形成根源的研究十分著名。——译者注

 高敏感人士的幸福清单

他儿童更多。

高敏感人士感知到的事物涉及许多方面，他人的情绪、某个场合的氛围、光和声音，以及气温等环境变化，这些"身外事物"自不用说，他们也总能感知到自身的身体状况、心情、新的想法等"身内事物"。

有人对声音敏感，也有人对他人的情绪敏感，高敏感人士感知的对象和程度因人而异。但毋庸置疑的是，敏感不仅影响着他们人际关系的构建，也影响着他们的工作和生活。

绪　章
何谓高敏感人士

高敏感人士诊断测试

那么，什么样的人才是高敏感人士呢？

以下是阿伦博士开发的高敏感人士诊断测试的内容。

请根据你的感受回答下列问题，符合或基本符合请回答"是"，不太符合或完全不符合请回答"否"。

□ 时常能察觉到自身所处环境的微妙变化。
□ 容易被他人的情绪左右。
□ 对疼痛敏感。
□ 如果每天的生活节奏较快，就会想钻进被窝或者待在昏暗的房间，以远离喧嚣，获得独处的空间。

 **高敏感人士的幸福清单**

- 对咖啡因敏感。
- 对强光、浓烈的气味、粗糙的布料、汽笛声等感到困扰。
- 想象力丰富,易驰于空想。
- 容易被噪声困扰。
- 容易沉浸于美术作品和音乐,并被深深打动。
- 很有责任心。
- 容易受到惊吓。
- 如果必须在短时间内完成某件事,会感到毫无头绪。
- 他人表现出不舒服时,会第一时间察觉并想办法解决(如调节灯光的明暗、为他调换座位等)。
- 不喜欢同时被安排多件事。
- 时刻注意不要犯错以及不要忘东西。
- 不喜欢看暴力电影和电视节目。
- 身边发生的事情过多时,会感到不开心,有神经敏感的倾向。

绪 章
何谓高敏感人士

- ☐ 肚子饿的时候无法集中精力,容易出现较大情绪波动。
- ☐ 生活发生变化会不知所措。
- ☐ 喜欢怡人的香味、动听的声音、美妙的音乐。
- ☐ 习惯回避冲突。
- ☐ 工作中处于竞争环境或被观察时会感到紧张,无法发挥出应有的才能。
- ☐ 幼年时,被老师和家长认为自己"内向""敏感"。

高敏感人士的
幸福清单

高敏感人士的 4 个特质

阿伦博士的研究表明,敏感基于以下4个特质(DOES),其中任何一项不符合,你都无法被称为高敏感人士。

✅ **D:深度思考(Depth)**

高敏感人士能够瞬间感知到多种事物,察觉到一般人容易忽略的细节。比起事物的表面,高敏感人士更倾向于关注事物的本质。

✅ **O:易被过度刺激(Overstimulation)**

高敏感人士比其他人更善于察觉并处理信息,因此也比其他人更容易感到疲劳。加之他们对声音、光、热、冷、疼痛等都很敏感,即使在气氛愉悦的活动中也会因为受到外界刺激而感觉疲惫,同时也会因为兴奋而无法入睡。为了释放接收到的过多刺激,高敏感人士需要一段安静独处的时间。

绪 章
何谓高敏感人士

✅ **E：感情反应强烈、共情能力强（Emotional & Empathy）**

高敏感人士的共情能力强，容易被他人的想法和情绪所影响。比起非敏感人士，高敏感人士脑内的镜像神经元（能够让人产生共情的神经细胞）更为活跃。因此，这类人士不太喜欢看负面新闻及暴力电影等。

✅ **S：对细节的感知力强（Subtlety）**

高敏感人士更易察觉到他人不易察觉的细微之处，如微小的声音、微弱的气味、交谈时对方的声调和情绪、他人对自己的嘲笑和鼓励等。当然，高敏感人士容易关注到的点因人而异，不能一概而论。

以上内容以伊莱恩·阿伦《敏感的人》（1万年堂出版）和明桥大二《快乐家庭育儿》（1万年堂出版）为参考。

高敏感人士的
幸福清单

高敏感人士拥有的 6 种幸福

接下来我想告诉大家，我通过从事高敏感人士相关的咨询工作了解到的这一群体的优点。高敏感人士容易感受到压力，在某种程度上会成为负担。但另外，高敏感人士的敏感也可以成为幸福的源泉。

本书中我将高敏感人士所拥有的幸福分为6种。当然，每个人对幸福的定义不同，这6种分类也无法涵盖高敏感人士拥有的全部幸福，在此仅提供一个大致的方向。另外，这并不意味着非敏感人士就没有这些幸福，我只是想表达高敏感人士更能深刻感受到这些幸福。

绪　章
何谓高敏感人士

❶ 富于感受的幸福

高敏感人士善于发现小事并乐在其中。

❷ 直觉敏锐的幸福

高敏感人士能够瞬间找到"适合自己的东西"。

高敏感人士的幸福清单

❸ 深度思考的幸福

高敏感人士着眼于事物的本质。

❹ 善于表达的幸福

细腻的情感为高敏感人士带来丰富的表达。

绪　章
何谓高敏感人士

❺ 有责任心的幸福

当"为自己"和"为他人"重合的时候，高敏感人士会展现出强大的力量。

❻ 共情力强的幸福

高敏感人士在意他人的情绪。

 高敏感人士的
幸福清单

高敏感人士提高幸福感的 2 个要点

远离成果主义，花时间感受并体会过程

提升幸福感的要点之一是远离成果主义。

沉醉于夕阳之美的时刻；精心准备的汤汁味道很鲜美，情不自禁地说"再来一口"的时刻；因为咖啡店店员的微笑感到开心的时刻……

能照亮人内心的，不是"提高效率""找到某个目标"这样的想法，而是纯粹地发自内心感叹"好美""好好吃""好开心"等时刻的温暖心情。感知幸福这件事没有功利性，只需要用心慢慢感受即可，因为幸福存在于主观世界。

然而，如今我们生活中成果主义大行其道。

"一切讲求高效快捷""提高生产率""做一个有用的人"，

绪 章
何谓高敏感人士

这些成果主义的观念存在于客观世界。

成果主义成立的基础是比较，与其他事物相比是否有价值，与以前相比效率是否提高，生产率如何，等等。成果主义以"社会和他人如何评判"的他人视角为中心，比起自己的心情更加在意结果。

虽然工作需要拿出成果，但如果一门心思想着结果，就很难感受到满足带来的幸福。

早晨醒来，看见外面阳光明媚，感叹着"天气真好啊"，心情也随之愉悦起来。品尝美味的食物，体会到料理人的匠心。不轻易下结论，深入思考直到能充分理解。这些慢慢渗透的幸福感都需要自己去感受，它无法用社会和他人的眼光来衡量。过分追求结果的话，这些本应被感受到的幸福就会被视作"无用的东西""无产出""没有帮助"而消失不见。

在前来找我咨询的人中，有很多人在接受咨询后状态有所好转，从他们那里我收到了如下反馈。

"在咨询完回家的路上，看见电车里的广告颜色很鲜艳，觉得很美。"

高敏感人士的
幸福清单

"鸟儿的鸣叫也听得更清晰了。"

他们意识到自己以前被"必须做出成绩""不管是兴趣还是工作，如果不做得比别人好就没有意义"之类的想法束缚住了。而当他们产生"我是我自己就好，珍惜自己的幸福就好"的想法并因此感到安心的时候，就是变化开始的时候。感知幸福的能力好像一下子被激发出来，从此他们可以尽情地感受世间的美丽、温柔以及欢愉。

幸福感越强，成果越好。

成果存在于客观世界，幸福存在于主观世界。在此我想告诉大家，二者的性质完全不同。也许有人会想："是不是珍惜自己的幸福，就拿不出成果了呢？"然而，成果和幸福并非等价交换的关系。有意思的是，珍惜自己的幸福反而会获得更好的成果。相关的内容会在之后做详细介绍，敬请期待。

绪 章
何谓高敏感人士

充分利用敏感来为自己创造幸福

提升幸福感的要点之二是充分利用敏感来为自己创造幸福。

尽情感受、充分思考、深切体会,这样的敏感可以为他人所用,也可以为自己所用。

高敏感人士富于感受,因此能够准确抓住他人的需求,倾听来自外界的声音。这样一来,对高敏感人士来说,很多时候敏感成了帮助他人的工具,自我需求反而排在了后面。在此我想呼吁大家,让敏感特质首先为自身幸福所用吧。自己变得幸福之后,自然也会对身边的人温柔起来,能够不求回报地帮助他人。这部分详细内容会在第5章、第6章向大家阐述。

第 1 章

富于感受的幸福

发现身边的美好事物,尽情感受。
被他人细微的温柔打动,品味日常生活的小细节。
感受力是幸福的源泉。

 高敏感人士的
幸福清单

何谓富于感受的幸福

高敏感人士通常能够发觉周围人难以察觉的细微之处,他们能分辨细微的色差和声调的不同,充分感知每一个细节。如果用这种感受力来感受空气的清新、他人的温柔,就能感受到日常生活中的种种美好事物,这也将成为高敏感人士幸福的源泉。

正因为高敏感人士具有极强的感受力,所以置身于适合自己的环境尤为重要。敏感会让高敏感人士在不适合自己的环境中更容易感受到痛苦,而在适合自己的环境中敏感则会起到积极作用。

感受力带来的幸福不可胜计,在此仅向各位读者介绍其中的一小部分。

- 感受到良好的触感(桃子的毛很舒服)。

第1章
富于感受的幸福

- 感受到怡人的香味（桂花的香味）。
- 看到新鲜的蔬菜心情愉悦。
- 因为身边人（店员、同事等）的微笑而感到开心。
- 在氛围友好的场合（校园文化节等）中感觉舒适。
- 因为好天气而感到幸福（天气晴朗的日子就会想要出门）。
- 被小朋友的发言深深打动。
- 被很棒的空间治愈（咖啡馆露台座位开放的感觉是最棒的）。
- 享受发现小细节的快乐（收银台旁的万圣节装饰很漂亮）。
- 感受自己的身体状态（通过瑜伽动作拉伸肢体，放松身心）。
- 感受自己的心理状态（强烈感受到开心、激动等心情）。
- 善于发现他人的优点。
- 模仿能力强，看着对方的行为举止，自己不知不觉地学会了。

 高敏感人士的
幸福清单

　　高敏感人士善于发现细节并乐在其中。例如，他们在观看戏剧表演的时候会关注演员的服装和小道具；他们在咖啡店时也会注意到收银台旁边的万圣节南瓜和圣诞树等店家精心布置的应景装饰。这是因为高敏感人士能感受到他人的小小用心以及这份用心背后饱含的热情。

　　此外，高敏感人士容易被店员的温柔打动，还会因为晚餐的鱼烤得松软而由衷感叹。擅于抓住日常生活中的这些小小喜悦，也是高敏感人士的一大优点。

第1章
富于感受的幸福

高敏感人士的
幸福清单

感知幸福——留出时间充分感受

那么,怎样才能充分感知幸福呢?首先,高敏感人士要允许自己花更多时间在玩乐和感受上。或许你会对此感到吃惊,事实上,感知幸福的时间常被很多人认为"没有效率""浪费光阴"而被剥夺。

明明是把时间花在自己身上,为什么会有罪恶感呢?你是否也有过下面这样的情况?

- 喜欢在柔软的被窝里睡午觉,又觉得睡午觉浪费时间而有罪恶感。
- 平时总是很忙,想要好好放松一下,然而一旦放松下来又会因为自己没有产出而感到焦虑。

诸如此类的情况还有很多。

"效率如何?""对谁有用?""别人怎么看?"如果在感

第1章
富于感受的幸福

知幸福的过程中站在以上成果主义的视角，我们难免会认为自己玩乐和感受的时间是不被允许的。

这种时候，我们就需要问自己：

"什么时候自己会感到幸福呢？什么时候会觉得开心呢？"

"什么时候会发自内心地感到满足呢？"

弄清楚能让自己感受到幸福的时刻，是感知幸福的第一步。

就职于某制造业的T先生每天疲于工作，连休息日也满脑子想着工作的事情。"这样下去会筋疲力尽的。"抱着这样的想法，T先生开始慢慢做一些自己喜欢的事情，然而却会因此感到不安，常常会想："这样可以吗？"

通过咨询，T先生明白了"生活和心情"最为重要。一直以来他都告诉自己"不能将生活放在第一位，要更努力工作"，而意识到"要重视自己的生活和心情"后，他整个人都比以前更松弛了。

T先生不再喝公司的瓶装水，而是自己在家泡好茶带到公司。虽然他一直以来也在尽量享受工作，但从未花心思在改

 高敏感人士的幸福清单

善工作环境上。不久之后,钟爱日本茶的T先生买了专门的杯子,可以按照自己想要的浓度把茶装进去,这样一来,他在公司也能好好品茶了。在忙碌的工作岗位上,T先生以前甚至连去洗手间也会有所顾虑,而现在他不太在意这些了。即便在很忙的时候,他也不会被"必须做"的想法裹挟,而是站在客观的角度告诫自己"不要想着不做不行",心情也因此轻松不少。

关注自己的幸福并好好珍惜,这样就很难被忙碌和结果绑架。就像抛锚的船漂浮在海上一样,即使随波浪摇晃也能保持原状。

第 1 章
富于感受的幸福

感知幸福——善用感受力

感知幸福的另一个要点是：像珍视"好的感受"那样珍视"不好的感受"。

感受力应用于日常生活中的各种场合。例如，在职场上，如果你感觉到"对这个人用这样的表达方式比较好"，那么就会将这种表达方式用在与对方来往的文件或者资料上。如果你察觉到对方面对自己时有"希望你这样做"的心情，那么你就会按照对方希望的那样去做。

在工作、人际交往等"需要照顾他人感受的场合"，善用感受力的人则会隐藏自己"莫名烦躁""感觉很累"这样的想法，不露声色地像平常一样做事。这就是只使用"有用的感受"，无视"无用的感受"的例子。乍一看这是很合理的选择，但其实这无异于他人对自己"有条件的爱"，这种状态会

 高敏感人士的
幸福清单

阻碍感受力的发展。

当然,我们需要感受有用的事物。但如果我们不去感受那些耗费精力以及相对麻烦的事物,就和"因为你有用所以我喜欢你""你没有用所以请不要出现了"这种他人对自己的"有条件的爱"没有任何差别。

"自己感受到的就是对自己而言真实的东西",这种自我信赖感也是自我肯定的一部分。

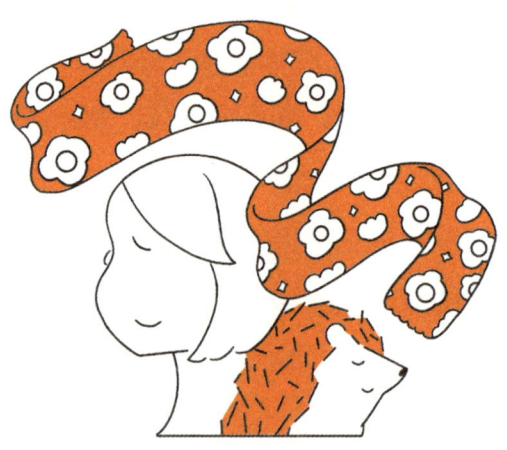

第1章
富于感受的幸福

不仅在工作和人际交往中，在照顾自己这件事上也请善用感受力。当你感到困倦的时候请务必为自己留出休息时间，哪怕是片刻也行。接纳并照顾自己的感受，就会觉得"不管是好的还是坏的，感受到什么都没有关系"，如此一来，感受力的基础就很稳固了。

无论你的感受如何，都请好好珍惜。唯有这样，才能提高我们对日常生活中美好事物以及对有益身心的事物的感受力。

美好的事物，安静而细微

和煦的阳光。

静静打在窗棂上的雨滴。

和重要的人漫无目的的对话。

……

让内心渐渐温暖的正是这些安静而细微的事物。

人不需要像洗涤剂一样在包装上写上功能和效果，更不必处处声张"我这么好""快看我"。我们周围存在着一种静谧、不张扬的温暖。

忙碌的时候、烦闷的时候，或是想要快人一步规避风险的时候，总会有"那边还没有安排周到""那件事必须这样做"等想法充斥脑海，这使得我们无暇顾及身边安静而细微的美好事物。

第 1 章
富于感受的幸福

若是无法感知事物的美好,无法感受到他人的温柔,那么请告诉自己"没什么大不了的""就这样做吧"。摆脱紧张的情绪之后头脑自然也会镇定下来,松弛的状态会带领我们来到一个美妙的世界。这里满满都是世界的美丽和他人的温柔,它们就像清冽的泉水,从对面向我们缓缓流淌过来。

 高敏感人士的幸福清单

某天，我在家附近的小路上一边散步一边欣赏树叶。不经意间一辆摩托车缓缓驶过，带起一阵微风，沐浴在阳光下的金灿灿的银杏叶随风飘落，一片片掉落的金黄色树叶仿佛在目送远去的车辆。这分明是我每天都要经过的道路，此刻却宛若电影场景一般美丽。

我沉醉于这样的美景，然而让人如此心醉的美好画面并非什么稀奇事物。此刻我突然明白，不管是世界的美丽还是他人的温柔，都存在于日复一日的充满烟火气的生活中。我想，所谓的美好画面，正是我们从日常生活中截取的寻常片段。

即便我们囿于忙碌的生活而忘却了世界的美丽，这个世界上的美好事物依然在某处等候着我们，不曾改变。

归家路上邂逅美丽的夕阳，于是停下脚步尽情观赏。

买一枝花，感受花蕾一天天绽放。

秋天，拾起一片飘零的树叶，欣赏它由红色到黄色的美丽渐变。

每天只需要一点点时间就好，为美好的事物驻足停留。只

第1章
富于感受的幸福

要如此,便能享受惬意的时光。

无论是孩提时代,还是在长大成人的今天,这个世界从来不缺美好的事物,只要我们愿意停下脚步,把目光投向它们,就能感受到它们的存在。

高敏感人士的
幸福清单

信息过载时通过输出以消解刺激

高敏感人士富于感受力,很容易受到周围人和环境的影响,感到身心疲惫。这类人士若受到外界过度刺激,会变得不知如何是好,心情也会随之沉重。

所谓刺激,并不仅指压力、麻烦等令人不开心的"不好的刺激",也包括和朋友见面、使用新的社交网络、外出旅行等让人愉悦的"好的刺激"。

即便是好的活动和让人开心的事情,如果一直持续,就好像每日都参加校园文化节一样,也会因为接受刺激过多而导致信息承载量超负荷。

因此,只有将吸收到的内容适当输出,心情才会得到释放。

"虽然很累,但是头脑却很清醒,睡不着。"

"阅读一本书,虽然很有趣,但总感觉看不进去。"

第1章
富于感受的幸福

"上网的时候会感到焦虑,有一种被信息淹没的感觉。"

以上这些"无法再吸收更多信息"的感觉,就是受到外界刺激过多、信息过载的标志。这时需要我们暂停输入,以输出的方式来消解这些刺激。

输出的形式可以很简单。

- **文字,例如写日记、博客。**
- **绘画,在电脑上简单画画也可以。**
- **唱歌。**
- **给朋友打电话。**

这些方法都是可行的。

精神疲惫的时候,如果觉得把心情诉诸语言很麻烦,也可以用笔简单写下"这种感觉~~",像这样只画符号也没关系,书写不正确也没问题。只要能够为身心积累的疲惫找到一个出口,稍微将它们释放出去,这样便很好了。

顺便一提,与他人对话的时候,一定要由自己先展开话题。我们的初衷是找到一个倾诉的对象,如果一不小心成为对方的倾听者,自己反而会更加疲惫。

 高敏感人士的幸福清单

因此,即使是打电话,在询问对方"最近还好吗"之前也要先告诉他"那个……我有话想跟你说",以此告知对方此时此刻自己希望对方倾听。如果你认为这样只顾着自己表达的行为很自私,那么不妨在倾诉完,压力得到释放之后再来好好地做一个倾听者。

输入和输出存在一种动态平衡的关系,如果你认为输入的信息已经饱和,就请不厌其烦地输出吧。

第 1 章
富于感受的幸福

找到为自己充电的空间

"没有精神,也不是想睡觉,就是心情莫名低落。"

"有想做的事,但就是提不起劲。"

你是否也有这样的时刻呢?并没有到想要休息的程度,做事却没有干劲。这种时候就需要"休整",它是一种介于"休息"和"工作"之间的状态。

请你充分运用感受力调整身心,为自己充电吧。

"必须打起精神""提起干劲",光是这样想就已经很累了。而做事不仅单凭毅力去坚持,还要借助周围美好的事物来帮助自己。

听喜欢的音乐、看喜欢的影集、浏览感兴趣的人的社交媒体等,去接触一些能给自己带来能量的事物吧。

我尤其推荐大家利用空间来给自己充电。其实你只需要做

高敏感人士的
幸福清单

两件事：一是去一个喜欢的空间，二是什么也不做，安静地坐10分钟。

这是最简单有效的方法。

不看手机也不看电脑，只是静静地坐着。沉浸在那样的氛围中，你会感觉压力一下子得到了释放，身心舒畅，整个人又充满了能量。

也许你会想"这不就是休息吗"，然而对感受力强的高敏感人士而言，在一个很棒的空间里安静地坐着就是在自我充电，为自己的内心注入足够的能量。

宜人的风景、美妙的声音、芬芳的气味、温馨的氛围……当我们置身于适合自己的环境中时，当下的"感受"会全方位渗透身心，如涓涓细流一般，冲刷掉体内累积的疲惫。

能够为身心充电的空间因人而异。

"没有强烈的灯光，只有间接照明的安静的咖啡店。"

"图书馆，被书包围着会有一种被保护的感觉。"

"咖啡店的露台和有庭院的茶馆，能看到绿植的座位最佳。"

第1章
富于感受的幸福

"家附近的小河,两岸有并排的樱花树,可以躺在树下。"

这些安静的场所自不必说,但也有人喜欢热闹一些的空间。

"在稍微喧闹一点的咖啡店反而能放松下来。"

"常去的饭馆,只要和熟悉的店员打个招呼就感到安心。"

"可以看足球赛的体育酒吧。大家一起为喜爱的球队加油助威,自己也会饶有兴致。"

"酒店休息室,我喜欢装饰着玻璃、带有高天花板的华丽空间。"

当然,我们也可以找到不止一个适合自己的空间,根据当时的心情来选择去哪里。

"今天不想去图书馆这种太安静的地方,去咖啡店吧。"

"今天有点想念老朋友,去朋友开的咖啡店喝个下午茶吧。"

请大家一定要找到能给自己的身心注入能量的空间。

珍视"欲望",增加"美好事物"

仰望天空、品尝美味、感受他人的温柔……能够感知幸福的人邂逅这些美好的事物时,内心也会变得温暖。

天空再美,如果没有抬头仰望的心情,那也是无法感受到的。反之,即便有心感受美好,如果被对自己而言毫无魅力的事物包围,也很难有机会感到温暖。

感知幸福包括两个方面。

自我:具备感知幸福的能力。

外界:美好的事物就在身边。

二者缺一不可。自己内心的状态固然重要,身边有美好的事物这一点也同样重要。前面我已经阐述了关于"自我"的内容,下面我为大家介绍"外界"部分的相关内容。

正因为高敏感人士感受力强,置身于一个适合自己的环境

第 1 章
富于感受的幸福

才格外重要。外界环境包括人际关系、职场、居住的屋子和所在城市等。

身处适合自己的环境，高敏感人士能够从周围的人、事、物中吸收能量，状态也就越来越好。相反，身处不适合自己的环境，高敏感人士则会感到压力，产生违和感，这对他们来说是一种能量消耗。

要立刻改变环境，尤其是职场和人际关系并不容易，但我们可以从身边的小事做起，开始创造适合自己的环境，比如好好收拾房间、在桌上摆喜欢的装饰等。

对高敏感人士而言，身边存在美好的事物是非常必要的。这里所说的美好的事物并不是指多高级的东西，而是基于"适合自己"这个层面来讲的，能让自己心动或令自己心情舒畅的事物、与之待在一起会感到开心的事物等。

将美好事物留在身边的关键是"欲望"。请大家善用自己的欲望，一点点增加身边的美好事物吧！

 高敏感人士的
幸福清单

尽情释放欲望

"想吃好吃的东西！"

"想去海边发呆，只想放空看着大海！"

"想打扮得漂漂亮亮的！"

"想谈恋爱！"

你有想要的东西吗？有下定决心想去做的事吗？有想要努力抓住的未来吗？

要增加身边的美好事物，不可忽略的是"欲望"。

压抑欲望的人就如同浮萍一般，不知道自己想要什么，只能随波逐流，被"应该这样做"或者"我希望你这样做"的想法绑架。

或许是一直以来将清贫视作美德的缘故，我们总是把欲望、奢侈、为自己的幸福考虑等同于不好的东西。在这样的氛

第1章
富于感受的幸福

围下，人会不知不觉地压抑自己的欲望。O先生寄给我的信中便提到了这一点，在此向大家展示这封信：

> 听到您说"请一定要幸福"的时候，我感到很忐忑。不过，该说忐忑还是紧绷，我也搞不清楚。
>
> "想要变得幸福"，这其实是我未曾想过的事。现在是要表达欲望吗？当下我的心情是这样的。（吃惊！）
>
> 为什么会这样呢？我一直在思考这个问题。在迄今为止的人生里，我一直认为人不能有欲望。但我现在明白了，想要幸福就必须拥有欲望。
>
> 我太过认真地对待"欲望是不被允许的"这句话，反而失去了一部分的自我。不能有欲望、不能引人注目、要谦让他人……而此刻我终于意识到，这明明是我的人生，我却一直试图让他人来扮演主角。也许一直以来，最忽视我的不是别人，而是我自己。
>
> 我想从现在开始慢慢改变，学会表扬自己，学着做

高敏感人士的幸福清单

> 自己人生的主角，试着问自己想做什么（等于欲望）。
>
> 我要善用自己的敏感和细腻，"高贵"地活着。拥有很多轻松、闲暇、自由的时光，享受生活；从事一份能治愈他人的工作，通过投资获得财富；踏上旅途，品尝美味佳肴；打扮得体，获得想要的东西；觅得好伴侣，成为一个幸福的人！
>
> 这就是我现在的欲望！（笑！）

开心！喜悦！幸福！

欲望是驱动自我，获取幸福的动力。

正视自己的欲望，坦诚说出"想要那个""想要这个""想谈恋爱"吧。

如果你不再压抑自己的欲望，那么"想找到相伴一生的伴侣""想过安稳的生活"等深藏心底的愿望也会浮出脑海。这不是任性也不是奢望，而是你想要的人生，是最朴素的愿望。

请毫不胆怯地去期待你想要的一切吧！

第 1 章
富于感受的幸福

从幸福的感觉中获取心动之物

表达欲望需要一定的勇气,作为鼓起勇气的第一步我建议大家把"还行的东西"换成"喜欢的东西"。

高敏感人士感受力强,因此从心动之物那里获得的喜悦也比他人更多。如果把每天都会使用的东西换成喜欢的东西,生活中的"小确幸"就会不断增加,心也会变得暖暖的。

例如:买好一点的袜子;尝试用木架子替换彩色收纳盒;穿舒适的内衣;研磨咖啡豆。

就我而言,如果把塑料的彩色收纳盒换成木架子,每次看到时都会因为木材的质感而感到安心。穿上舒服的袜子,走路的时候我也会开心起来,并因此开始好好洗袜子。

某位高敏感男士尤其在意充电线。笔记本电脑、键盘、平板电脑、手机、耳机……他尽可能使用无线的方式为这些产品

高敏感人士的
幸福清单

充电,必须使用有线充电的产品则买最短的充电线,并把多余的部分藏在桌子下面,不让它们露出来。因此,他每次看到干净清爽的桌子,都会很满意地说:"哇,太棒了!"

"还行的东西"和"喜欢的东西"带来的幸福感完全不同。当你开始珍视自己的幸福,感受力也会增强。于是,习以为常的东西会让你产生违和感,你将开始寻找真正适合自己的物品。比起方便、便宜这类重视性价比的东西,你会更想要"穿着舒适""外观好看""让人心安"的能让人心情愉悦的东西。

"我不是很喜欢这个杯子""浴巾变硬了",一旦产生这样的违和感,请不要用"还能用""用这个就够了"来掩饰自己的不满意,请去寻找内心真正喜欢的东西。

一次性换掉全部东西并不现实,所以请从眼前的东西开始吧!在生活中慢慢增加喜欢的东西也是一件非常棒的事。

第 1 章
富于感受的幸福

虽说要把"还行的东西"换成"喜欢的东西",但是每个东西都很重要,那要从哪里开始呢?干脆把身边的东西全部换掉!

这种时候,不妨从视觉、听觉、嗅觉、触觉、味觉五感中找到对自己而言最重要的一项,以此为开端吧。

例如,使用浴巾的时候,有没有那种不知为何就是喜欢这一条,或者当你拿到的时候会为"哇,今天用这条浴巾"而感到开心呢?

从选择标准来看,有人看重柔软的触感(触觉),也有人看重可爱的花纹(视觉)。

五感中重视何种感觉因人而异。你不妨在一天中放松的时光,想想家里自己喜欢的物件、场所,试着回顾一下喜欢它们的原因。

"我喜欢香气四溢的红茶(嗅觉),但它带给我的幸福感在喝的时候就结束了。然而,我每次看到桌子上装饰的花都会感到很幸福(视觉)。"

"我并不那么在意房间是否打扫干净(视觉)。比起这个,

高敏感人士的
幸福清单

我更执着于睡前用高音质的耳机听喜欢的艺人的作品（听觉），对我而言没有比这更幸福的时刻了。"

就像这样，虽然都是让人幸福的事物，但幸福感的种类不同，持续的时间长短也不同。如果你暂时不知道从哪里着手，那就请先明确五感中对自己最重要的感觉，找到能够满足这种感觉的心动之物吧。

第1章
富于感受的幸福

亲近大自然，重拾自己的时间感

很多时候，我们身心都很疲惫，但大脑还在高速运转。一直在想：接下来要做什么呢？是考资格证，还是进行自我分析为跳槽做好准备等以后应该做的事情？当私底下被朋友问"什么时候有空"的时候，我也会第一时间回复，很少有一个人的悠闲时光。这种时候，我们也许正在被繁忙的社会节奏裹挟，失去了自己的空间——自己本来的时间感。

每个人对时间的感觉都不一样。有人喜欢随着太阳的升降，按照早、中、晚这种大概的时间感生活；也有人喜欢用秒表计算做每件事需要的时间，并严格按照时间表执行计划。有人认为悠闲自在的生活是最好的，也有人倾向于一定程度上加快速度、麻利地做事。

高敏感人士的
幸福清单

时间感是无形的东西，所以我们很难分辨自己与他人的差别，但对一个人来说按照怎样的节奏生活是最自然的，答案多种多样。

我建议大家亲近大自然以重拾自己的时间感。在大自然中玩耍，会产生一种"时间要是过得再慢一点就好了"的感受，并意识到目前的忙碌是令人不自在的。

我从公司辞职后曾在海上进行叫作桨板冲浪（SUP）的运动，它是一种利用冲浪板和桨在海面滑行冲浪的运动，仿佛在海上散步一般。冲浪商店总是有进进出出的顾客，无论男女，大家都被太阳晒得黝黑。他们看上去阳光开朗，给人一种踏实的安全感。

海上运动受天气和浪潮的影响很大，即便是晴天，如果远处有雷声，也必须上岸。让我颇感意外的是，大家甚至会等两三个小时，直到停止打雷。等待期间，或是和冲浪商店的老板闲聊，或是看杂志、修理自己的冲浪用具，大家丝毫没有因为等待而焦急，悠闲到让人吃惊的地步。

第 1 章
富于感受的幸福

我想这是因为身处大自然的人更明白等待的道理吧,与大自然这个无法控制的对象共处,也许会激发出自己身上踏实的安全感。

每个人都想要按照自己喜欢的方式度过光阴。

"去海岛静静地看着夕阳西下。"

"和朋友开篝火晚会,被大家围绕,这样的时光是最棒的。"

来访者这样跟我讲的时候,总是看起来非常恬静的样子,看他们的表情,我便知道那是很好的时光。

当今社会节奏过快,而高敏感人士习惯将事情有条理地一件件完成,因此在过于忙碌的环境中以及"粗糙一点也没关系,快点开始做"的价值观下,他们容易感到不适应。让原本追求质量的人在重视效率的职场工作,当然会产生不安的感觉。最让人心累的是,受所在环境的影响,自己也会开始催促自己"再快一点"。

亲近大自然能帮助我们重拾自己原本的时间感。与大自然

共处，我们很难不被其节奏吸引，从而深切感受到"慢一点也没关系"。

身处高速运转的现代社会，我们难免被紧凑的日程追赶，这种时候只需要知道"不是自己节奏太慢，是这个社会过分追求速度"，就能有效避免被外界裹挟，重新找回自己的节奏。

第 1 章
富于感受的幸福

生活方式的转折点在于"为自己"

当你处于工作和人际关系的转折点,宣布"我要改变生活方式"的时候,请下定决心"为了自己"全情投入吧。你需要花费比平时更多的时间和金钱,大胆尝试自己喜欢的事,也许这会在某些时候颠覆你原有的价值观。

世界上有3种服务:把负值归零的服务,把零变成正值的服务,以及进一步增加正值的服务。

"把负值归零的服务"是指消除痛苦和烦恼的服务,它好比一种治疗。

"把零变成正值的服务"是指"现阶段不因没有而困扰,但如果有就更好"的服务,它更像是喜剧节目等娱乐,或者是嗜好品。

"进一步增加正值的服务"则是指可以让原本就好的状态

 高敏感人士的幸福清单

变得更好的服务，它就像是迪士尼乐园。游客本就抱着"享受快乐"的心态去迪士尼乐园，在那里，扮演着各种角色的工作人员满面笑容地迎接他们，这种热情给他们带去了更多快乐。又如，运动员维持好的身体状态等，这些会进一步促进成果的行为也归到这一类。

因为"把负值归零的服务"的目的在于消除痛苦和烦恼，所以人处在这种状态下很难有罪恶感，正如人们长了蛀牙会去看牙医，以及肩膀酸痛会去按摩一样。

然而，"把零变成正值的服务"和"进一步增加正值的服务"并不是必需项，因此，我们在享受这些服务的时候可能会有罪恶感。

例如，对于酒店休息室的下午茶，有人认为这很好，也有人认为这太奢侈了，尽管他们可以毫不犹豫地把同样的钱用于按摩或者参加公司的聚餐。

把钱花在什么地方很容易体现人的价值观。然而单纯为了让自己开心而奢侈一把，有时候也会成为改变人生的契机。

单身妈妈N女士必须负担孩子的教育费，加之为将来的生

第1章
富于感受的幸福

活未雨绸缪，于是她过着很拮据的生活。一直以来勤俭节约的她某天在思考消费积分用法的时候，想到偶然在杂志上看到的酒店下午茶。她想着"用积分的话就不用花那么多钱"，于是心一横去了那家酒店。

一个人在幽雅的环境中享用点心的时候，她突然醒悟，想到自己"每天为了孩子的将来拼命努力，已经忽视自己的快乐很多年了"。为了找回自我，她想更加自由地工作，于是她辞掉了那份休息日也必须随身携带工作手机的高压工作，成为一名自由职业者。她的生活方式也有了很大的转变。如今，她把自己的幸福快乐放在第一位，珍惜和孩子在一起的光阴。

另一个例子是企业经营者F先生。一直以来他都认为人生价值在于在工作上取得成就，获得客户和员工的信任。他没有为自己花钱的概念，虽然他会买工作穿的西装，但买平时的衣服总是让他头疼，白色衣服很容易脏，所以他尽量避免。他甚至想干脆过一种不需要穿衣服的生活。但某次买了白色的裤子之后，F先生的心情意外地变得很好。于是他开始注重外表，每天早上也会早起打理发型，不是为工作，而是为自己买了好

高敏感人士的幸福清单

看的衣服。因为有了这方面的追求，如今F先生给人的印象是沉稳之中也多了几分个性。从好的方面来讲，F先生变得更有野心，工作上也比以前更加卖力地开拓事业版图。

在日本，"为他人"往往被认为是好的，"为自己"则被视作任性。在这种风气下，没有人告诉我们"只为了他人是很辛苦的，自己也很重要"。

高敏感人士善于捕捉对方需求，具有尽责的态度，努力维持社会规范，因此他们总是倾向于"为他人"。他们的本心总是被"对谁有用""为了将来""是不是麻烦""生产率如何"等重重面纱遮盖。在人生的关键时刻不要胆怯，大胆地为了自己全情投入，就能一层层揭下这些面纱，之后就能慢慢看到面纱下覆盖着的被遗失的自我，也能慢慢找回自己真正喜欢和想要珍惜的一切。

第 2 章

直觉敏锐的幸福

增加人生的悸动时刻，
让自己走向意想不到的未来。
"不知道为什么，但就是有那样的感觉。""看到的一瞬间就明白了。"高敏感人士拥有这种敏锐的直觉。
高敏感人士要找到适合自己的人、场所、物件以及它们的最佳组合方式，通过珍惜自己的直觉来增加身边的美好事物，找到性情相投的人，让每天的生活都充满悸动。
另外，直觉也是指引高敏感人士找到"想做之事"的指南针，跟着直觉走，就能朝着幸福的方向前进。

何谓直觉敏锐的幸福

"不知道为什么,但就是有那样的感觉。""看到的一瞬间就明白了。"高敏感人士拥有这种敏锐的直觉。珍惜直觉能帮助高敏感人士增加身边的美好的事物,找到性情相投的人,让其每天的生活都充满悸动。

另外,直觉也是指引高敏感人士找到"想做之事"的指南针,跟着直觉走,便能到达未曾想象过的幸福彼岸。

直觉还拥有超越思考的力量,善用直觉和理性两个方面,就能到达单凭思考无法到达的领域。

那么就由我来向大家介绍一些敏锐的直觉带来的幸福吧!

- 明白对自己而言的"美好的事物"。
- 知道最佳搭配。例如,关于器皿和杯垫的搭配,直觉会

第 2 章
直觉敏锐的幸福

告诉你"这个很合适"。

- 知道最佳状态。例如,你在做资料的时候会知道"这个颜色的图表看起来比较舒服"。
- 能够分辨对方的话是真是假。
- 能够抓住问题的本质。例如,你在快速浏览信息时会突然领悟。
- 即使面对初次见面的人,你也能感觉到"我能和这个人成为朋友"。
- 容易产生灵感。例如,你的脑海中储存了一些信息后,散步时灵感闪现。
- 通过使用直觉和思考,你可以取得超出想象的成绩。
- 能够利用身体的感觉来判断人生方向。例如,你在做正确的事情时,身体会感觉轻快;相反,你在做错误的事情时,身体会感觉沉重。

 高敏感人士的
幸福清单

第 2 章
直觉敏锐的幸福

善用直觉选择心动的事物和人

高敏感人士的直觉会告诉他们什么是对自己而言的美好的事物。例如，高敏感人士仅凭第一印象就能判断对方是不是与自己性情相投的人，光看外部环境就知道一家咖啡店是否会让自己感觉舒服。

说到直觉，也许有人会认为这是一种神秘的感觉。但我们这里讨论的直觉并非什么特别之物，它适用于每个人。

我们会将第一眼看上去就直呼"可爱"的毛绒玩具买回家并一直很珍惜它；会与第一次见面就感觉"这个人是好人"的人成为朋友。想必你曾经有过这样的经历吧。

我的来访者中有从事制造业的高敏感人士，这些人告诉我他们能感觉到操作过程中的问题。"感觉到某处不对劲就去查看，果然出错了。""出问题的地方总会给我一种怪怪的感

高敏感人士的
幸福清单

觉。"在此我们把这种"莫名的感觉""没有根据,但就是知道"的感觉称为直觉。

直觉是"瞬间明白"的力量。逻辑思维是按照"由A推导出B,由B推导出C"的顺序得出结论。与之相对,直觉会立刻告诉你"这很好"或者"这很危险"。

直觉能反映一个人的价值观,关于这一点后面会有详细的说明。根据直觉选择令自己心动的事物和人,久而久之,我们身边就会有越来越多让内心充盈的事物以及给自己带来活力的人,人生中的悸动时刻也会不断增加。

第 2 章
直觉敏锐的幸福

适度依靠直觉

前面已经介绍过，高敏感人士拥有敏锐的直觉，然而对直觉的运用程度因人而异。有人在工作和生活中充分依靠直觉，也有人几乎不怎么善用直觉。

从我做咨询师的经验来看，因为焦虑而不断努力的人，通常会给人一种直觉被封印住的印象。

努力也分为两种，一种是"基于热情的自然而然的努力"，另一种是"源于焦虑的自我鞭策式的努力"。

直觉是一种毫无根据的"莫名的感觉"。人如果太过焦虑，就会更多地用理性思考，倾向于选择安全有用的东西，而非依靠直觉。然而理性原本是每个人都有的东西，因此让我们在"拥有直觉"的前提下一点点地使用它吧。

"这家店的菜肴一定很好吃。"

高敏感人士的
幸福清单

"这家店的菜肴看起来不好吃的样子。"

像这样,我看到一家店的外观就能判断这家店的菜肴是否好吃(合我的口味)。即便是我没有去过的地方,在不了解其他顾客的反馈的情况下,我也能判断这家店美味与否。

我丈夫对此感到不可思议,他常常问我:"你很少看走眼啊,你是怎么知道的呢?"殊不知我以前只会用理性思考,从不曾像现在这样依靠直觉判断。

几年前我去日本镰仓旅行的时候看到一间房子,一眼看上去无法分辨它是民宅还是店铺。

"这是……一家店吗?感觉很不错啊。"

我在宽阔的空地上沿着篱笆往前走,看到玄关处放着一个小小的广告牌和菜单。菜单上有一幅照片,那是一个切得很漂亮的芝士蛋糕的侧面,看到它的瞬间我就知道这一定很好吃!

当时已经是傍晚了,几乎没有客人进那家店,但我决定进去一探究竟。走进去一看,里面有一个打理得很好的庭院,院子里有小池塘,还有一座借景假山……我点的芝士蛋糕和茶点

第 2 章
直觉敏锐的幸福

也都非常美味,我得以在美丽的环境中享受了一段惬意的时光。

这件事让我不禁思考:难道我通过一家店的外观就能判断这家店菜品的味道如何?自那之后,我开始依靠直觉,不断到自己凭外观就认为"菜品一定很好吃"的店中去尝试。其中包括一家很便宜的烤肉店,尽管它便宜到让我忍不住怀疑"这个价格的烤肉能好吃吗",但我还是跟随直觉走进去了。意外的是,店家对肉的处理很到位,不管是口感还是味道都非常棒,店员也很亲切。

充分相信直觉之后,我找到了更多适合自己的店。当然,这只是我的个人生活中运用直觉的一个小例子。在工作中,我同样会适度依靠直觉。

高敏感人士的
幸福清单

直觉是感受力的发展形式

人能够运用直觉是因为"人原本就拥有直觉"。如果任何时候都单凭理性思考,直觉就会渐渐生锈直至消失。若能意识到自己拥有直觉并使用它,那么随着使用频次的增加,你的直觉也会越发敏锐。

高敏感人士拥有比他人更强的感受力,因此他们能够从生活中积累很多感性经验,例如,"这样试试就好了""这里有一些不对的地方"等。

直觉是将过去的经验浓缩起来,让人能瞬间判断"好"或"不好"的一种感觉。直觉是感受力的发展形式,相信直觉也就是"相信过去的经验"。

巧妙运用直觉的诀窍是"放松"。日本的一位精神科医生泉谷闲示先生对人的大脑、身心(身体及心灵)分别进行

第 2 章
直觉敏锐的幸福

了说明。他表示，大脑是理性的根据地，擅长分析过去、模拟未来。大脑有掌控一切的倾向，因此它常告诉我们"应该……""不能……"。心是情感、欲求、感觉（直觉）的根据地，它更注重"此时此刻"。心会告诉我们"我想……""我不想……""我喜欢……""我不喜欢……"。心和身是一体的，如果大脑关闭了接收来自内心信号的渠道，那么这些不被倾听的内心的声音就会成为症状反映在身体上。[参见泉谷闲示所著的《"普通即可"之病症》（讲谈社）。]

直觉基于身心健康。如果你感到强烈的紧张和不安，那么无论如何都会想到用理性思考，寻找不会出错的方法，所以很难使用直觉。

当直觉不能很好地发挥作用的时候，请你深呼吸，告诉自己"没关系"，或者去散步放松一下吧。

直觉也是心声，重视直觉意味着认真倾听自己内心的声音。

请你先试着从小事开始使用直觉吧。

如果感觉"这家店也许不错"，就进去看看吧，即使这是

 高敏感人士的
幸福清单

你第一次去这家店。

如果觉得"想要花",就给自己买一束符合当天心情的花吧。

如果觉得某个人很不错,就试着多和他聊天;如果感觉某个人有点怪,就与他拉开距离观察情况。

直觉是通过验证来不断完善的。你可以用直觉去感受并跟随直觉行动,以此确认直觉是否准确。通过验证,你可以知道自己的直觉在什么时候是准的,在什么时候是不准的。

"我见到他人的第一面,就知道能否和对方融洽相处。但如果只是互相交换邮件的话,是无法知道这一点的。"就像这样,一旦你知道自己擅长使用直觉的场合,就能更好地使用直觉,直觉的准确性也会提高。

第 2 章
直觉敏锐的幸福

用语言表述直觉有助于了解自我

直觉是一种"不知为何但就是知道"的感觉。之所以称为直觉,正是因为没有依据。尽管如此,如果你敢于将直觉用语言表达出来(通过下面两点),就能了解自己的价值观。

- 为什么觉得好?
- 从何判断得知?

我在提供咨询时感受到的一点是:一个人凭直觉认为好的东西,往往可以反映出这个人相对应的特点。

对色彩敏感的人,即便衣服是灰色调,耳环也可能是彩色的。就算想隐藏,一个人的特质也可从其所有物——特别是灵活性比较强的小物件中窥见一二。

不管是毛绒玩具还是手账,当你对它们说出"哇,好可爱"的时候,那你一定也有可爱的一面。如果你会被"精致美

丽的东西"吸引,那你自己也一定是个精致美丽的人。

不仅是物品,人际关系中运用的直觉也会反映出一个人的本质。

Y先生在咨询公司担任经理,据他说,他可以凭借直觉一下子就知道某个项目应该交由谁负责,以及让哪些人组成一个团队会取得最好的工作成果。当然他也会考虑团队成员的技能和专业性,但比起技能他更重视"总觉得那个人和这个项目很契合"这种无法用言语表达的感觉。

因为合理的人才配置,项目广受好评,Y先生也因此声名大噪,众多客户慕名而来。Y先生也负责公司的人才招聘工作,当我问他遇到什么样的人会有"就是他"的感觉时,他回答说:"是那种能适应任何场合的灵活的人。"既能和管理者交谈又能和一线人员交谈,不断吸收专业知识的同时还能努力工作,这样的人是最理想的,Y先生本人正是如此。他本人就是那种"能适应任何场合的灵活的人",能和不同立场的人保持良好的沟通,因此才能给出最合理的人员配置方案。

对于直觉认为"好"的事物,为什么会觉得它好呢?尝试

第 2 章
直觉敏锐的幸福

用语言将其表述出来，那么你将更了解自己。对于你凭直觉认为不错的人，此人身上一定有和自己共通的美好的一面。你凭直觉认为很好的物品则可以反映出自己的优点。若将这些物品带在身边，无论是工作还是生活，你都能更加顺利地开展，同时也能更好地发掘出自身优点。

为什么会认为这个东西或这个人很好呢？为什么喜欢它/他呢？我建议大家依靠直觉，将问题的答案用语言表述出来，这是一种了解自我、发掘自身优点的手段。

"真好啊""好想试试看"，这样的直觉一天中会出现好几次。

我们可以将直觉作为找寻想做之事的指南针。高敏感人士要想好好生活，"从小事开始做自己喜欢的事"尤为重要。虽然高敏感人士有易受刺激、容易疲劳的一面，但做喜欢的事反而会让他们更有精神。高敏感人士在做想做的事情之时，会感到兴奋并高度集中精力，对他们而言那是"美好的时光"。虽然身体疲惫，但心中充满干劲。这种感觉与做不喜欢的事情的时候内心的感受是完全不同的，它好比适当运动之后获得的一

高敏感人士的
幸福清单

种酣畅淋漓的疲惫感和满足感。

"都说要做想做的事，但我不知道自己想做什么。"

"我找不到特别热衷的工作或业余爱好。"

如果你这样想，那么请务必好好运用自己的直觉。直觉会用"真好啊""我想……"这样微小的声音告诉我们自己想做的事情。

或者，你不妨从以下这些小事做起。

- 路过街边的广告牌的时候，看看上面关于跳蚤市场的介绍。
- 想去海边。
- 想起某位友人，想知道他过得好不好。

像这样表明自己想做之事的"真好啊""我想……"等想法一天中可能会反复出现好几次，只是因为它们是很微弱的信号，所以可能会被错过。

将直觉认为的好事加入日程，就能魔法般地实现愿望。

如果有让你觉得"真好啊"的事情，那么就将其付诸行动吧。例如，有想去的活动就立刻预订门票，想去海边就将它加

第 2 章
直觉敏锐的幸福

入两周后的日程……果断行动起来吧,即使从细微的小事开始也没关系。

"我很忙,还有很多其他事要做。"

"旅行也好,购物也好,都要再好好计划一下。"

你越是这样想,我就越希望你能尝试一下"随性而行"。

前面已经介绍过,一方面人是由大脑、身心(身体及心灵)共同构成的,这里所说的"真好啊""我想……"就是"内心的声音"。另一方面,囿于诸如"太忙了所以不行"等理由,或者思考"我必须谨慎选择"等,这是"大脑的声音"。

思考太多会让人失去珍贵的直觉,这个过程不光耗费时间,还会让人感到麻烦,从而让你产生"下次再做"的想法,就这样将想做之事抛诸脑后。

"那个人怎么了,我想跟他聊天。"如果你有这样的想法,就把"但是会给别人添麻烦吧""他很忙吧"之类的顾虑放在一边,试着发信息邀请他吧。

对于让你感到压抑的研讨会和活动,请听从自己的内心选择不去,不要用之后可能会冒出来的"会学到东西吧"等想法

来否定自己的直觉。

直觉是内心的声音，是人的本心，重视直觉就是重视自己的本心。对于直觉认为"很好"的事情，请你立刻付诸行动；对于直觉认为"不太舒服"的事，请你尽量避免。

跟随直觉行动，你将遇到越来越多开心和美好的事情，并意识到"原来实现它们并没有那么难"。去旅行、看海、和喜欢的朋友吃饭，不去参加让人心情沉重的聚会，这些事情会像魔法般一一实现。

第 2 章
直觉敏锐的幸福

直觉无法发挥作用时，不妨去书店逛逛

无论如何都不知道自己想做什么，直觉好像无法发挥作用的时候，你不妨去书店逛逛，在那里你将会了解自己内心的真实想法。

在书店里慢慢逛一圈，在众多进入视线的封面和标题中，总会有让你想要拿起来翻一翻的书。如果吸引你目光的是关于咖啡店的书或者"不要太努力XX"之类的治愈系书籍，说明你此刻想放松；如果拿起来的是学习类书籍，则表示你想学习并进步。

会使你感到安心的，心情也随之明朗的，让你欢欣鼓舞的，这些内容所反映的就是你"现在想做的事情"；反之，让你心情沮丧的，让你感到不自在的，让你有道德绑架感的，这些内容所反映的则并非你现在想做的事。

 高敏感人士的
幸福清单

尤其是在失落的时候，人会想着"我必须改变自己""必须为了将来好好学习"，也可能因此去看一些考资格证的书、心理学或者自我启发的书等。然而，如果你拿到这些书的时候并没有愉快的感觉，那表示这些并不是你现在想做的事，只是因为你出于不安而觉得"应该做的事"。不管是考资格证的书，还是心理学的书，如果你是出于本心"我想做"的话，你在拿到这些书的时候应该很兴奋，而且会觉得"好有趣"。

请以"感到愉快"为指南来找寻自己的本心吧。如果你觉得书店的环境比较嘈杂让你思绪混乱，那我建议你去图书馆，那里书籍排列整齐，你可以在一个相对平静的状态下探寻自己的本心。

第 2 章
直觉敏锐的幸福

直觉带你走向意想不到的幸福

前面已经向大家介绍了在参加活动、把想做的事加入日程等小事上使用直觉的例子。接下来我想告诉大家"跟随直觉行动,你将邂逅意想不到的幸福"。

直觉拥有超越思考的力量。

"觉得不错就试着做了。"

"我想加入那个谈话。"

"总觉得怪怪的,还是算了吧。"

就像这样,以直觉为指南展开行动,在这个过程中你会找到热爱的工作、遇到合拍的伙伴、与生命中意义重大的事物撞个满怀。

我的朋友H先生热衷戏剧。在上高中选择社团活动的时候,他突然想到"妈妈曾经的理想是成为一名配音演员",以

高敏感人士的幸福清单

此为契机他产生了要演戏的想法。他初中是田径社的成员,此前完全没有想过演戏,然而随着上高中之后加入戏剧社,他就这样走上了戏剧之路。即便在上大学和工作之后,他依然致力于戏剧,做着各种和戏剧相关的事,如登台表演以及召开与戏剧相关的研讨会等。

这并不意味着要"单凭直觉决定一切",说到底,直觉只是为你提供一个契机。跟随直觉行动的时候,你也不是一开始就会知道自己要一辈子做这个,而是在做的过程中隐约感觉到"好像很不错""这个似乎挺有趣的"。当然,我们也可能在重复很多次之后依然会犹豫地问:"我真的想做这个吗?"

H先生从事戏剧工作也并非一帆风顺。据说他曾因为在戏剧工作室表现不佳,对自己的演技失去信心而辞去这份工作。在那之后他不禁扪心自问:"我真的想演戏吗?"甚至一度想要放弃戏剧。

对前路感到迷茫的H先生在思考"接下来要做什么"的时候,脑海中浮现出自己一个人去市民文化馆,在那里做喜欢的事情的场景。于是他花了四五个月的时间,独自去市民文化馆

第 2 章
直觉敏锐的幸福

唱歌、跳舞、朗读小说,也正是这段经历让他意识到"我果然还是想演戏"。

实际上,即便是自己喜欢的领域,能持续投入热情的范围也很有限。这个时候你需要通过转变方式、更换对象等方法,从各个角度不断尝试,在这个过程中慢慢发现"原来我喜欢和这样的人相处,我喜欢用这样的方式做事",以此来找到自己的风格。

请你好好珍惜"总觉得很好"这样的直觉和尝试去做之后的实际感觉。迷茫的时候,与其在脑中思考,不如实际去做,去亲身体会这一过程,这样来选择真正适合自己的东西。久而久之,你将会拥抱对于人生意义重大且深深热爱着的事物。

高敏感人士的
幸福清单

在尝试中摸索出自己的道路

重视内心的真实感受,对要做的事或不做的事做出取舍,在这个过程中你会慢慢找到自己的道路——想用一生去做的事。

"想用一生去做的事"其实并不是某个职业或者某件具体事情的名称,而是"想和他人说真心话""想默默做事""想打动人心"等用"想……"的抽象语言(动词)来表达的行为。

前面提到的H先生除了从事戏剧工作外,也会主办高敏感人士交流会,此外他的副业还是一名设计师。据他讲,自己想做的是"打动人心"的事情。戏剧、高敏感人士交流会、设计这些看似毫不相关的事情,对H先生而言,都会带他走上自己理想的道路,即"打动人心"。而戏剧、设计等,都是他打动人心的方式。

第2章
直觉敏锐的幸福

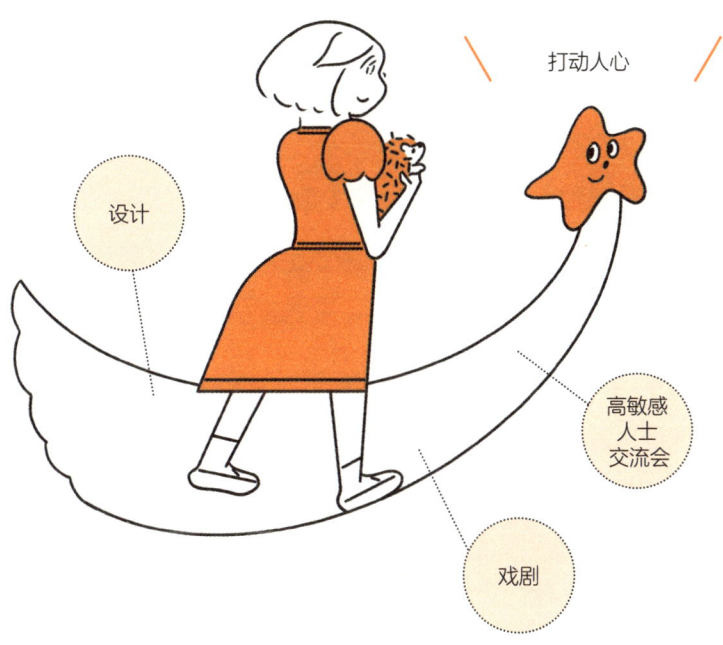

高敏感人士的
幸福清单

人并非一开始就能明确自己的道路。我们时常会因为被某件事吸引而尝试去做，在做的过程中觉得这件事很有趣就会一直持续下去，否则便会放弃。经过一个又一个的反复取舍，我们会渐渐发觉"一切都联系在了一起""那时候的选择和现在联系在了一起"。

哪怕是很小的事情，如果它突然浮现在你心间，请务必去试一试。经过尝试，你也许会继续做这件事，也许觉得不合适转而寻找新的方向。即使现在并不明确，但你所做的一切都是一种学习，能助力你将来走上自己的道路。所以不要胆怯，放心大胆地尝试自己想做的一切吧！

第 2 章
直觉敏锐的幸福

给未来的自己：打扮能帮你改变生活方式

"被以前没有穿过的颜色和款式的衣服所吸引。"

"虽然把衣柜的衣服都整理了一遍，但还是感觉没有衣服穿。"

"以前我觉得外表不重要，但现在也开始对服装和化妆感兴趣了。"

如果你有这样的感觉，也许你的人生即将迎来改变。这是我在咨询工作中的真实感受：人一旦开始重视自己的本心，外在也会发生改变。

初次见面扎着马尾的来访者，三个月后再见时已经把头发放下来了，还烫了蓬松的卷发。穿黑色和灰色衣服的来访者换上了亮色系的服装。浓妆的来访者化了更为自然的妆容。

随着心境的改变，打扮也会发生变化，"人的本色"自然

高敏感人士的幸福清单

而然地反映在了外表上。

此外,表情和说话方式也会发生变化。因为能比以前更清楚地表达"我是这样想的",所以人们不再对周围保持高度戒备。那些为了不让他人看到自己的缺点和漏洞而习惯自我防御的人,他们内心的安全感会增强,整个人的气场也会更柔和。相反,习惯什么都说"好啊"来附和对方的人自我意识会增强,会更明确地表达自己的意见。

如果一个人不清楚自己内心的真实想法,也不会知道自己想穿什么样的衣服,这种情况下倾向于选择不出错的服装。当开始珍视自己的身心的时候,他会渐渐产生"这个红色太艳了我穿不了""今天的心情适合这件衣服""头发再长一些就好了"等想法,并了解自己当天的心情,于是开始觉得以前自我认知不清晰的时期的衣服都不合适,觉得自己没有衣服穿,这种时候就去寻找适合现在的自己的衣服。如果看上了迄今为止没有尝试过的颜色和款式的服装,不要怀疑,那可能是一封来自未来的自己的邀请函。即便不诉诸语言,"从现在开始想这样生活"的想法也会在心中生根发芽,它反映在"想要的衣服

第 2 章
直觉敏锐的幸福

的感觉"上。因此,即使是按照以前的标准会觉得"这件太时髦了不适合职场""这件太花哨了"而不会买的衣服,如果现在真的很喜欢,请你一定入手。

以全新面貌生活时,每次你穿上喜欢的衣服都能再一次确认"原来我喜欢这样的东西",并从视觉和触觉开始适应新的生活方式。

由此可见,打扮可以帮助我们改变生活方式。

高敏感人士的
幸福清单

听从内心的声音,人生将全面向好

试着将身边的事物换成喜欢的事物。

如果和某个人待在一起很开心,就多和他见面吧。

不要总是想着"趁现在先把这件事做了",请拒绝高强度地持续工作,看看风景、品品茶,给自己留出一些闲暇的时间吧。

无论是身边的事物,还是人际关系,抑或对待时间的方式,都尽可能从中吸收让自己"感到安心""变得有精神"的部分,这样你将更有生命力,内心也会更加从容。

如果在日常生活中不断增加一些让人感到心情舒畅的时光,不知不觉中,"心情舒畅"就会成为你对生活的基本要求。即使偶尔会有不喜欢的事情出现,但因为你以"心情舒畅"为基准,所以也更容易克服这些不愉快的心情。

第 2 章
直觉敏锐的幸福

最重要的是,你要持续接触"好的人和事物(适合自己的人和事物)",舍弃那些"不适合自己的人和事物"。例如,如果增加和相处愉快的朋友见面的次数,"相处愉快"就会成为基准;而对于那些让你感觉"和这个人在一起太累了"的人,你自然就会与其保持距离。

通过接触好的人和事物,你会更容易放下让自己感到有违和感的部分,久而久之,整个人生都会渐渐向好的方向发展。

第 3 章

深度思考的幸福

一个人安静地与世界相连。
比起事物的表面,高敏感人士更关注其本质,他们倾向于深度思考。深度思考的能力会使他们追逐感兴趣的东西,挖掘自己的内心世界,会给他们带来探索的幸福。

高敏感人士的
幸福清单

何谓深度思考的幸福

高敏感人士的特质之一是倾向于深度思考。从工作上面临的各种风险到与人交流时对方说话的立场，高敏感人士思考的深度高于常人。因此，他们也常令他人感到吃惊。比起事物的表面，高敏感人士更关注其本质，这导致他们有时候会与周围人的意见相左。

虽然容易感受到与周围人的不同，但对高敏感人士而言，深度思考是极其自然的事，是一种能为自己带来幸福的特质。

下面我将为大家介绍深度思考能力带来的一些幸福。

- 不断冒出新想法。
- 看到好的作品会思考创作者的心情。
- 对感兴趣的东西追求极致。

第 3 章
深度思考的幸福

- 向内深度挖掘自己内心的感受。例如，高敏感人士会回顾"那时候我为什么会这么想"，一边整理心情一边写博客。
- 体谅他人。例如，高敏感人士不轻易评判他人的行为，而是会体谅对方"是不是发生了什么事情"。
- 接纳他人的温柔，哪怕只是一点点。
- 潜心创作作品。
- 通过"直觉"和"深度感受"的组合，创作出高质量的作品。
- 沉迷于对人生、生活方式、心灵、死亡等主题的哲学性思考。

高敏感人士的
幸福清单

第 3 章
深度思考的幸福

深度思考——瞬间联想

高敏感人士的深度思考特质包括以下两个方面内容。

1．瞬间联想。

2．思考问题的本质。

深度思考的第一个特质是"瞬间联想"。高敏感人士看到一样事物时会立刻产生各种联想。他们会想到他人通常不会想到的细微之处，而且并非有意识地这么做，而是不自觉地就会想到。

例如，高敏感人士看到咖啡店的收银台旁装饰的南瓜，不仅会发出"可爱""快到万圣节了啊"的感叹，还会瞬间产生"这个装饰是店员去买的吗""其他店也有这样有趣的装饰吗"等联想。

这样的想法不是停留在"快到万圣节了啊"就结束了，其

 高敏感人士的幸福清单

中蕴藏着更加细腻且丰富的喜悦。

通过瞬间联想,高敏感人士可以充分体会生活细节并享受其中,尽情品味其中每一个不经意的瞬间。

第 3 章
深度思考的幸福

深度思考——思考问题的本质

深度思考的第二个特质是"思考问题的本质"。

比起事物的表面,高敏感人士更关注其本质,倾向于对其进行深度挖掘。

- 听到某个乐队的歌词,会想到"这些人度过了怎样的人生",怀着这样的兴趣试着制作年表,追溯乐队成员在多少岁的时候写了哪首歌。
- 上网的时候会想"为什么电脑可以连接到网络呢?其中包含什么原理",并试着了解通信的历史和原理。

高敏感人士正是如此,对什么事情感兴趣就要探究到底。通过探索、研究和思考自己感兴趣的事物来充分了解其所在的领域并享受其中。

这种"思考问题的本质"的能力和"探索"息息相关,探

 高敏感人士的
幸福清单

索会给人生带来非凡的乐趣与喜悦。说到探索,你可能会想到发明家爱迪生或者其他学者、研究人员等。然而,探索并非小部分人才可以做的事,每个人都有的好奇心就是探索的起点。

虽然不知道为什么,但在每天的生活中,你是否会情不自禁地去想那些吸引你的事情呢?当你意识到可以花更多时间去充分思考脑海中突然冒出的想法,当你追求"想理解更多""想感受更多"的时候,探索便开始了。

第 3 章
深度思考的幸福

一个人安静地与世界相连

探索的对象大致可分为"自我"和"世界"。

如果你的兴趣指向"自我",就会在摸索文章、绘画、音乐等表达方式的同时潜心思考。如果你的兴趣指向料理、艺人、政治经济、社会结构等外部"世界",就会对感兴趣的对象进行调查和考察,以加深理解。

无论你探索的对象是"自我"还是"世界",深度思考这件事本身就是一种乐趣。

哪怕是写日记、写博客这种日常行为,也需要专心致志地坐在书桌前,一边回想当天发生的事情,一边寻找合适的语言来描述自己的心情。

阅读关于社会问题的书籍,理解社会结构。

在工作场合,一边想着"图表用这种颜色不是看起来更清

高敏感人士的
幸福清单

晰吗""这样说更容易传达给对方吧",一边准备资料。

以上几种场景中,人都处于深度思考状态。深度思考的时候整个人精神高度集中,时间仿佛静止在那一刻。即便是在职场或者咖啡店等周围有人的场合,也能心无旁骛地沉迷于自己的小世界。人首先要内心独立,之后再通过调查、思考,与想要探索的对象建立联系。当人们沉浸在自己的世界并进行深度思考的时候,"一个人待着"和"与探索对象建立联系"二者是同时成立的。

即使人们感兴趣的对象是"自我",也并不会成为自以为是的人。探索自我时,你将超越"自我"的范畴而抵达"人类"。而人在拥有"自我"之前首先是人类的一分子。人的思想会受到其所处时代的价值观以及所在国家的文化的影响,其根源在于作为人的自然的内心活动。

探索自己的所思所感,也是在探索社会的存在方式、时代的变迁以及与他人之间的关系。深入挖掘自己的感受是对人类的思考,与人类整体不无关系。

第 3 章
深度思考的幸福

对高敏感人士而言，深度思考的时间是"在独处的同时，以自己的步调与世界和人类相连的时间"。我想，这对珍惜独处时光的高敏感人士而言，是绝佳的与世界相连的方式。

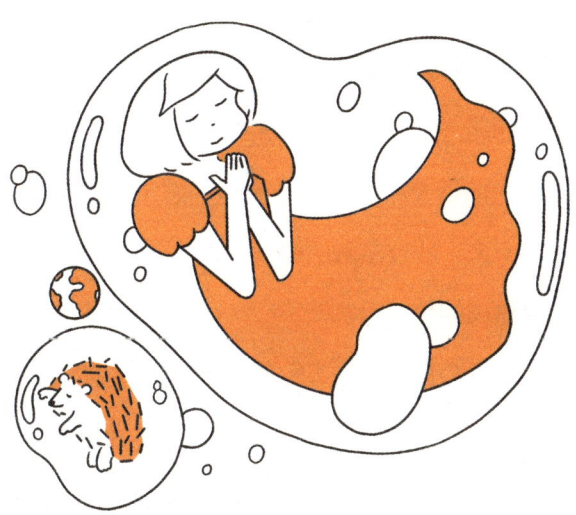

高敏感人士的
幸福清单

交替运用直觉和思考，
将得到超出想象的结果

深度思考的时候也请务必使用直觉。通过对直觉和思考的交替运用，你能够得到超出想象的结果。

在工作中准备资料的时候，会有"总觉得哪里不太一样"的想法；和家人、朋友接触的时候，也会注意到他们和平时的不同。你有这样的情况吗？

例如，担任会计职务的高敏感人士表示："如果数字有误，我看一眼数据就会感觉不对劲。"担任经理、管理着部下的高敏感人士则表示："早上去公司看到团队成员的脸，就知道他们的状态如何。如果我感觉到谁比较容易犯错，就会多和他谈话。"

凭直觉发现"总觉得不太一样"或"这里好像有什么问

第 3 章
深度思考的幸福

题"之类的线索之后,你就需要认真思考了。不要用"是错觉吧""大概是心理作用"等来否认直觉,而要通过思考来确认。同时运用直觉和思考,才能到达单凭一方无法到达的领域。

直觉的产生以身体和心灵为基础。从智人时代到现代社会,人的身心也在不断发展。因此我认为,个体对直觉的运用也就意味着从人类长久以来沉淀下来的智慧中获得帮助。

高敏感人士的
幸福清单

探索自我需要向外输出

向外输出对于充分体会深度思考的幸福格外有效。

博客也好，日记也好，你在通过书写的方式整理当时的心情后，也许会感到吃惊："原来那个时候我是这样想的啊！"你可曾有过这样的体验呢？

工作上同样如此，当你把问题以图表的形式呈现后，就会意识到"原来如此"，同时也可能会产生新的疑问。

当你向外输出时，文章、绘画、图表等任何形式都可以，虽然不熟练的时候可能会觉得有点麻烦，但是这是迈向思考的第一步。

只在头脑中进行思考，远比想象中的困难。不管是以文章的形式还是以图表或绘画的形式将自己的想法表达出来，你就不用将思维局限在想象中。这样为大脑留出新的思考空间，使

第 3 章
深度思考的幸福

"边看边思考"成为可能。同时也能以已经输出的想法为立足点,继续向前推进思考。

远离成果主义,你将发现探索的乐趣。

不管是深入挖掘自己的感受并将其诉诸文字,还是试着为感兴趣的艺人制作年表,每一项工作都需要你踏实认真,花费时间和精力。

你要知道"思考本来就是要花时间的",也要认可"为了享受思考的乐趣,花时间也没关系"的想法,只有这样才能远离成果主义,体会到探索的乐趣。

高敏感人士的
幸福清单

通过书写心情和感受,加强与自己的联系

我长期接受来访者关于工作和人际关系等方面的咨询,有时会在不久之后收到他们的来信,告诉我他们开始写博客或者开始写日记了等。我的来访者中,大部分人正面临人生的转折点。他们想要摆脱承受压力、凡事以周围人为先的生活方式,转向重视自己内心的真实感受,通常在这种时候来向我寻求帮助。在这一时期,此前一直被忽视的"自己的心情"会冒出头来,自我成长时期会有更多的向外输出。

无论是非公开的日记,还是没有特定对象、向公众开放的博客,写作这一行为都能起到理解自己、接纳自己的作用。暂时抛开"别人怎么看""对谁有帮助"这样的他人视角,写下"自己内心的真实想法",诸如对于每天发生的事情自己是怎么想的,当时为什么会这么想等,这样你会明白自己会被什么吸

第3章
深度思考的幸福

引,以及不喜欢什么。

写作行为有助于高敏感人士确认自己的感受和想法的存在。看着自己写下来的内容,就知道"原来我当时是这样想的啊"。有人听自己讲话是很开心的事,而写作就是和自己对话,它能帮助你加强与自己的联系。

高敏感人士的
幸福清单

在人生的转折点，珍惜直面内心的时刻

转变生活方式之际，你首先会迎来直面内心的时刻。这时你可能会懒得和人打交道，想一个人待着。

随着独处时间的增加，你会更多地关注自己内心。你也许会想：

"休息日一个人待着真的可以吗？我需要跟朋友见面吗？"

"博客是不是应该写一些让大家'容易理解'的东西？"

然而，你的本心是想把时间花在自己身上，内心最真实的想法是：

"懒得见人，太浪费时间了。"

"这样写更受欢迎吧，但是这样写的话我之后会不甘心。"

这是因为人在关注自己内心的时候，"迎合周围"这件事的排序会后移。

第 3 章
深度思考的幸福

　　这种时候请不要在意"作为一个人，怎么可以不见朋友""如果想让大家认可，就要……"等迎合社会的声音，而是倾听自己内心的声音"我想……"。

　　"此时此刻我想这样做！"请尽情接纳自己内心的想法吧。不想与其他人社交也没关系，当你直面内心之后会自然而然地敞开心扉。通过直面内心，重视自己的真实想法，你会比以前更接近"真实的自己"，也能遇到跟自己产生共鸣的人。

第 4 章

善于表达的幸福

用真实的自我与他人产生联结。

很多高敏感人士会通过文章、绘画、音乐、摄影、手作等来表达自己的内心。

高敏感人士就像高分辨率相机一样,能够高精度地接受美好的事物,抓住重要瞬间并将其精练地表达出来。

通过自我表达能够建立与自己内心的深刻联系,通过向他人表达能够建立与他人之间的联系。

何谓善于表达的幸福

文章、绘画、音乐、摄影、诗句、手作……表达的手段多种多样,相同的是很多高敏感人士会通过这些方式来表达自己的内心。

高敏感人士就像高分辨率相机一样,能够高精度地接受美好的事物,并在心中细细品味,也能抓住重要瞬间并将其精练地表达出来。正因为高敏感人士能够细致地感受身边事物,才可以将它们精准而感性地表达出来。高敏感人士丰富的表达具有抓住人心的力量。

本章将为大家介绍只有细细感受和品味才能实现的"善于表达的幸福"。

- 通过作品再现自己的感受。例如,高敏感人士通过为他人拍照反映自己对对方的感觉,写作的时候找到适合自

第 4 章
善于表达的幸福

己的语言表达感受。

- 通过自我表达了解自己的内心。
- 通过对他人的表达建立与朋友的联系。例如，高敏感人士在社交网络上表达自己的想法，和有共鸣的人建立联系。
- 坚持不懈地锻炼自己的表达能力，直到满意为止。

捕捉到和煦阳光的风景照、表达内心温柔的画、认真记录着每日所思所感的博客、对社会的疑问和建议……高敏感人士的表达细腻且充满思想。

高敏感人士的感性让他们很容易感受到他人内心的伤痛、在职场的违和感和压力等；另一方面，他们也能第一时间注意到世界的美好、他人的温暖以及各种社会问题。

高敏感人士的
幸福清单

第 4 章
善于表达的幸福

表达从重视自己的内心开始

从日常生活到艺术作品,表达的形式多种多样。

- 写日记。
- 就感兴趣的领域写博客、发表视频评论等。
- 做饭。
- 与他人谈话。
- 唱歌、跳舞、弹乐器。
- 咏诗句。
- 拍照、画画。
- 写剧本和小说。
- 做手工(做首饰、缝纫、编织等)。
- 做记录(用插图和文字记录下活动、节日的盛况)。
- 搭配能够反映内心的服饰和妆容。

高敏感人士的
幸福清单

将自己的内心以某种形式表现出来，这就是表达。不仅是写博客、画画等简单的表达方式，做饭、和朋友聊天等日常小事也能成为表达方式。就算是每天的晚餐，如果做的时候充分重视自己的想法，如"泡菜切成这个厚度会很有嚼劲""把凉菜装在漂亮的盘子里""我觉得这个很好吃"等，那这顿晚餐也能表达你的内心。

第3章中讲过"自我成长时期会有更多的向外输出"。当你开始重视自己的真实想法时，表达会随之增加，其中的变化也会更丰富。

此前在社交网络上"只看不发"的人开始在这上面发文，以及在博客和日记中记录自己的心情。重新捡起丢下很久的编织和缝纫，并开始学习一直想学的交谊舞。曾经认为做饭是浪费时间的人也开始悠闲地煎鸡蛋，学着享受做饭的过程。

在重视自己真实感受的过程中，你会逐渐成长起来，内心也将变得更加充盈。充盈的内心最初是以人擅长的方式来表现的，擅长写作的人会写作，擅长绘画的人则会画画。

随着表达能力的提高，表达的范围也会扩大。从前对穿着

第 4 章
善于表达的幸福

打扮不感兴趣的人,开始学习化妆和服装搭配。写文章的人同样如此,在写作的同时开始在自己感兴趣的领域开展副业。

通过表达你可以知道自己喜欢什么和不喜欢什么,以及自己是一个什么样的人。同时,表达也会完善你的直觉,让你做出更加清晰的选择,如"这个适合自己"或"这个不适合自己"。

也就是说,外表和言行举止都会反映一个人的美学。时尚、生活、社交网络、工作……这些都将全方位地表现"一个人的本色"。

 高敏感人士的幸福清单

像蚕一样吸收"好内容"，产出"好内容"

感受美好的事物，深刻品味，再将其表达出来。 高敏感人士的表达就好像蚕一样。蚕吃桑叶才能吐出美丽的丝，而高敏感人士只有吸收"好内容"才能产出"好内容"。

"感受"这件事情和"吃东西"很像，两者都会用到"品味"这个词。在我看来，所谓感受就是将感受对象的一部分吸收到自己体内并消化掉的行为。

要想像蚕一样吐出美丽的丝，就需要吸收对自己而言的"好内容"。作为表达要素的"好内容"因人而异。据一位在企业上班同时自己写诗的高敏感人士说，和同事的对话以及和谐的人际关系是他创作的基础。

邂逅"好内容"并为之心动，这样的经历会作为表达素材

第 4 章
善于表达的幸福

被积累起来，如同吃到美味的食物将其美味抽象化（表达），倾听他人的烦恼并以此观照自己的内心，拍摄宠物视频并配上即兴音乐等。高敏感人士从这些实际经历中提炼出核心的美好的部分，并以自己的方式表达出来。这种时候，高敏感人士所拥有的看透事物本质的视角、仔细观察事物的细腻，以及分辨重要事物的直觉，都有助于他们提炼内核。

那么，对你来说，能成为表达素材的"好内容"是什么呢？

最近一次心动是在什么时候呢？

高敏感人士的
幸福清单

高敏感人士适合社交网络

想把自己的想法传达给他人的时候，表达就是"向外输出"。想找到志同道合的朋友，想和有共鸣的人建立联系的时候，"向外输出"也同样有效。通过在社交网络上发表"自己喜欢的内容""自己的所思所感"等，你能认识更多性情相投的朋友。

能够在广阔的世界寻找朋友，能够发表一些无法轻易与人言说的内心深处的想法，从这两点来看，社交网络是一种非常适合高敏感人士的工具。即使身边没有志同道合的人，只要在社交网络上搜索，就可能遇到很多和自己一样的高敏感人士。

去公司的路上抬头仰望天空，阳光灿烂，空气清新，天空是淡淡的蓝色，不由得停下了脚步，感叹道："哇，好漂亮啊！"

第4章
善于表达的幸福

偶然看到某部电影的预告，从优美的音乐和登场人物简短的台词中，感受到电影中流露出的温情与细腻，不禁流下了眼泪……

高敏感人士的感受是细腻而丰富的，想要面对面传达如此丰富的想法，无论如何都是有限度的。我也曾经尝试过，但如果不是面对自己很感兴趣的人，就很难用像写博客的方式一样来向对方传达自己的想法。而且，如果是面对面的交流，因为注意力都集中在对方身上，自己的思想所能达到的深度反而会变浅。

在社交网络上表达的过程可以分为以下两步：

1．集中精力关注自己的内心，并将想法写下来。

2．将写下的内容公开。

一般来说，和面对面相比，高敏感人士在社交网络上更容易保持自己的步调，并且能在相对平静的状态下表达自我。

对社会的疑问和内心的矛盾等内容，在面对面的交流中是要选择对象的。社交网络同样如此，你可以设置只对感兴趣的人可见，无法一次性传达的内容也可以分几次发表。此外，你

高敏感人士的
幸福清单

可以上传照片和图片，给文章配上各种标题，或者制作视频等，尝试各种适合自己的方式，直到满意为止。

你可以在社交网络上发表自己喜欢的内容并寻找朋友。相比在身边寻找与自己产生共鸣的人，通过社交网络会比较容易。

如果你想要通过社交网络找到朋友，请不要发表迎合外界的内容，而是发表自己内心认可的、认为好的东西。不管是路边拍到的花朵，还是关于喜欢的艺人的信息，抑或对自己内心的探索，什么内容都可以。总而言之，就是将"自己喜欢的东西""自己的所思所感"以文章、绘画、照片等形式表达出来。

每个人在日常生活中都会有自己的想法和感受，而将喜欢的东西和感受到的东西以某种形式呈现出来，实际上就是一种自我表达。看到你的表达并和你建立联系的人，就是被你的思想和感性吸引的人。

通过发表喜欢的东西和自己的所思所感，能够让和你价值观相近的人更容易找到你。而且，你不仅要发表触动自己的内

第 4 章
善于表达的幸福

容，如果有让你觉得不错的人，一定要和他积极互动，如评论和回复等。

自己发表的内容有反馈，大部分人都会很开心。在第二次、第三次评论或回复对方之后，对方也会注意到你，渐渐地你们就会开始阅读彼此在社交网络上发表的内容，就这样自然而然地建立起联系。

高敏感人士的
幸福清单

被点赞数支配的时候,请确认表达的方向

在社交网络上发表的内容受到好评是值得开心的事,但是,如果有"要是没有人说'好棒'就没有意义"等被点赞数支配的想法,或者以"被人认可""被很多人看到"为目标的话,表达难免有局限,你也会因为偏离自己真正想表达的内容而变得不快乐。

那么,如何平衡"社会追求的东西"和"自己想表达的东西"呢?这是很多使用社交网络的人都感到困扰的问题。为了厘清这一问题,让我们来看一下两种表达的方法吧。

表达包括"回应"和"深度挖掘"两种方法。前者是为了满足他人需求,后者则是为了深度挖掘自我并找到普遍性。

回应:捕捉并应对周围人需求的方法。例如,当他人遇到

第 4 章
善于表达的幸福

烦恼的时候，你给出建议："如果你有这种烦恼的话，这样做会比较好。"这也是"回应"的一种。

深度挖掘：以自己为出发点向内深挖的方法。

- **思考发生在自己身上的事。**
- **调查自己抱有疑问的事。**
- **把每天发生的事和自己的兴趣联系起来进行考察。**

诸如此类，就像坐禅一样静静地仔细思考，从自己的内心找到自己想表达的主题。

相对于一开始就存在的他人的需求，并对其作出反馈的"回应"，"深度挖掘"则是在追求自己兴趣的过程中，产出对他人有帮助的内容。

此外，在表达时，我推荐给高敏感人士的方法不是"回应"，而是"深度挖掘"。因为用"深度挖掘"的方式发出信号，才能以真实的自我与他人建立联系。

高敏感人士富于感受力，在博客上写自己的事情时，也会想"大家需要的是这个啊""这类读者比较多，所以这样写的话更容易传达吧"等，以期准确抓住他人的需求。

 高敏感人士的幸福清单

回应

深度挖掘

124

第 4 章
善于表达的幸福

正因为抓住他人需求的能力很强,所以才会出现下列情况:

- 只顾着写大众需要的东西,在这个过程中已经不知道自己真正想写的是什么了。
- 发表内容的方向逐渐转向大众要求的方向(解决问题、有趣或有用)。

过分关注他人需求,导致的结果就是你将不是以真实的自我,而是以"帮我……的XX先生或女士"的角色与他人产生联结。如果无法享受在社交网络输出的乐趣,对自己发表的内容产生抵触,请先不要在意点赞数和读者的反应等表达的"结果",而应首先珍惜"表达本身的幸福"。

一旦被外界的需求支配,高敏感人士细腻的感性就会转向对方,和自己的联系反而被削弱。请在安静独处的空间,或者可以放松的地方,将这种感性重新放到自己身上吧。请你专注于自己的内心,明白自己在真正地思考什么,感受着什么。

如果你想以真实的自我和他人建立联系,首先要和自己建立联系,然后再用自己最真实的一面和他人建立联系。为此,

 高敏感人士的
幸福清单

请珍惜"让你心动的事物"而不是"别人要求你做的事",这样你才能够找到自己想表达的内容。而且,表达的时候不必刻意修饰,也无须妥协,坚持不懈地找到最符合自己想法的表达方向吧。

不过,不加掩饰,尽可能如实地表达自己的内心,这看似简单,其实非常困难,甚至令人感到可怕。

不管是第一次在社交网络上输出内容的人,还是之前已经在社交网络上发表过信息的人想要更进一步表达的时候,可能都会产生"害怕"的心情。

"我写的这些会有人理解吗?"

"我这样反复思考是不是有点奇怪呢?"

你也会有这样的想法吧。

内心的真实想法和感受是非常私人的东西。既然每个人都是独一无二的,那么"自己的想法"和"他人的想法"自然无法完全一致。又因为是私人的东西,所以他人未必能理解。

高敏感人士会想到他人想不到的深度,因为他们拥有不同于非敏感人士的感受和视角,所以他们在将自己的想法说出口

第4章
善于表达的幸福

的时候可能不被周围人理解和接受。如果过去有过这样不愉快的经历，高敏感人士就会更加觉得"如实表达自己的想法"是可怕的事情了。但是，要明确的一点是，深入挖掘自己的想法，其最终导向是大多数人共同的想法。

阅读书籍和浏览社交网络的时候，你可曾有过这样的感觉：虽然领域和作者不同，但最终说的都是同样的话。精神科医生泉谷闲示先生在他的著作中谈到，随着"经验"在个人内部的不断深化，该事件的特殊性和个人元素就会不断淡化，最终获得普遍性。

泉谷闲示将普遍性比喻为地下水层。如果挖掘的深度不够，那么在不同的深度抽取出来的水的颜色也会不同，有绿色的水，也有红色的水。但是，如果在最深处挖掘，那么抽取上来的水就是一样的，因为所有的水都会汇流到最深处。这和人的思想一样，到达最深处之后，汲取的内容就会超越专业领域和个人的差异，具有人类共同的"真理"或"美"。〔参见泉谷闲示《"普通即可"之病症》（讲谈社）〕

原本以为只有自己会这样想的事情，试着在社交网络上发

高敏感人士的
幸福清单

表出来,你也能得到他人的附和。一个人在成为"自我"之前,首先是人类的一分子。信任人类的共通部分,把自己当成"人类共同体的一员"来发表内容,我想,这样你才能够深入地展现自己的内心。

第4章
善于表达的幸福

用真实的自我与他人产生联结

"我这样写没有人能理解吧",越是这样想,你就越应该为了自己而表达。表达,是将自己内心的想法有形化的行为。"这样想也可以吗",当你听到自己这种胆怯的声音时,请你一定为自己加油打气,告诉自己"我可以这样想,可以有这种感觉"。

输出,则是在社会上将自己的想法有形化的行为。无论表达的类型和内容如何,只要扎根于现在的时代体会生活,写下自己的感受,你的表达就能反映这个时代。活在当下,不迷失自我,写出的东西就能打动人。

高敏感人士以与生俱来的细腻和感性,强烈感受着痛苦和喜悦。正因如此,他们才会被日常生活中的小事所触动,真切地思考"真正重要的难道不是这个吗"。

高敏感人士的
幸福清单

伴随着真情实感的表达与头脑中突然冒出的东西不同，它能给人一种沉稳的感觉。这样的表达不是让人从理论上理解，而是希望他人发自内心认可，产生"嗯，是那样啊""感觉不错"这样的共鸣。这是因为，从自己内心深处仔细挖掘出来的东西，会超越思维方式、价值观以及感知方式的差异，传达到他人的内心深处。

第 4 章
善于表达的幸福

致停止创作的你

也许有人"曾经很擅长画画或写作,但是现在却画不出来或写不出来了"。我想对这样的人说:"当你的生活发生变化时,创作会暂时停止。"

遭遇痛苦时,有一个方法可以让你短暂逃离,那就是"在创作中为自己创造一个容身之处来守护心灵"。因为现实痛苦,所以需要想象。人要获得持续生存,想象的力量也要变强,创作在现实需求的驱使下成为一个避难所。

有的创作还有自我治愈的功能,你可以通过创作来理解身边发生的事,治愈受伤的心灵。沉浸在作为避难所的创作中是非常快乐的事,那个时候你会情绪高涨,想法不断涌现(故事接二连三地展开),写也写不完。

我们生活的现实世界对于创作具有压倒性的力量。做自己

高敏感人士的幸福清单

想做的事、构建自己的人际关系……当你走在真实的人生道路上，就很难抽身进入创作的世界了。

"以前画得那么好，现在画不出来了。"

"我想再体验一次写小说时候的那种兴奋感，但是已经找不回那种状态了。"

这些来访者的共同点是"生活变安稳了"，他们没有从现实中逃离的必要，或是在不逃离现实的情况下也能在某种程度上治愈痛苦，自然也就失去了创作的动力。此时，无论是作为避难所还是自我疗愈的创作，都结束了它的使命。

发挥避难所和自我疗愈作用的创作，与在稳定的日常生活中从零开始的创作，二者的素材是不同的。前者基于痛苦的经验创作，后者的素材则是喜悦、希望以及自己想要感受的东西，后者更能体现自己的意志。

如果你想从零开始进行创作，首先请珍惜日常生活中的小确幸。在安心生活的日子里，邂逅让人心动的事物，不断积累创作素材。不同于追求功能性而产生的创作，这次你可以按照自己的意志探索感兴趣的领域并最终回归生活（关于探索的内

第 4 章
善于表达的幸福

容可见第3章）。

　　我想，无论你感兴趣的是哪个领域，只要深入思考，充分运用直觉，合理分配感性和理性，就一定能获得某些超越个人的体悟。有时我会在建筑、诗歌、书籍以及摄影作品中感受到自己与伟大的思想联系在了一起，这是单凭个人思考无法获得的真理一样的东西。它是需要博闻强识，同时得到灵感和人类智慧的帮助，才能到达的领域。到那里去，用你自己的身体和心灵去感知，我认为这是暂时抛开自我的行为。

　　过着安稳的生活，有想要再次相遇的人，这就好像背上系着安全绳一样，因为拥有能够再次回归日常生活的安全感，所以才能深入探索。

高敏感人士的
幸福清单

活在当下，不迷失自我

本章最后，我想为大家讲述为创作苦恼的K女士的故事。

某天，20多岁的K女士前来咨询。K女士在公司上班的同时也在从事剪纸创作的工作，她看到其他创作者的作品之后觉得很失落，想着"我的作品，反正……"。她认为："如果有其他更厉害的创作者，我的存在不就没有意义了吗？我为什么还要创作呢？"她为此非常苦闷。

通过沟通我了解到，K女士容易被他人的评价绑架。因为就剪纸来说，它有一个比较明确的评判优劣的标准，即"越复杂且越细致的作品就越好"。

不管是在创作还是工作上，当她冒出"我想这样做"的念头的下一秒，就会拼命思考"怎样才能让他人接受？怎样才能得到好评"。接受咨询后意识到这一点的K女士想到自己一直

第 4 章
善于表达的幸福

在为他人的目光而努力,对自己的怜悯瞬间刺痛了她的心,她不禁红了眼眶。那一刻K女士终于明白"A的作品很棒,B的作品也很棒,别人这样说的时候并不是在评价孰优孰劣"。

在咨询完回家的路上,K女士觉得电车里悬挂的广告也比平时看起来更鲜艳、更漂亮。她回忆道:"我喜欢各种颜色,也擅长细致地感知颜色,所以也会给剪纸上色。"

在那之后,当她再看到其他创作者的作品,产生"啊,这个人太厉害了,和他比起来我……"的想法的时候,她就会转念一想"我在欣赏一幅很厉害的作品啊"。过去她以入围比赛为目标,现在也会想,如果没有想参赛的心情,不如放弃比赛专心创作。

渐渐地,她因为和他人比较而感到失落的时刻越来越少;如今,对K女士而言,"因为开心,因为想做,因为自己想看所以创作",这样的心态是最重要的。

K女士常常会想:"我以前究竟是为什么会为剪纸而苦恼呢?是什么变了,让我现在能静下心来做剪纸了呢?"回想起来,这是因为以前她总想着被人需要,难免受困于"无论是剪

高敏感人士的
幸福清单

纸还是工作，没有能力就不行，不比别人好就没有意义"的观念中。现在，她不再追求被他人需要，而是注重被自己需要，自然也就不会再为外界的评价而烦恼了。

后来，K女士举办了她的首个个人作品展。她辞去工作成为一名自由职业者，过着以创作为主的生活。她说，能够创作出自己喜欢的作品是最开心的事。

第 5 章

有责任心的幸福

做自己想做的事,让周围的人展露笑颜。

想让他人开心,想让世界变得更好。

高敏感人士极其自然地为他人着想。

无论是工作还是私下,首先要满足自己,然后才能提高帮助他人的能力。

高敏感人士
的幸福清单

何谓有责任心的幸福

高敏感人士共情力强,做事时会仔细考虑自己的行为会带来的后果,因此他们往往尽职尽责,遵守社会规范。

对高敏感人士而言,周围人的幸福十分重要。我曾经就择业问题为高敏感人士提供过咨询服务,发现他们会很自然地想"我想让他人开心,想让世界变得更好",甚至有人会考虑到全人类的幸福。

尽管周围人的幸福很重要,但"为了他人忍耐"会让人喘不过气来。当"为自己"和"为他人"重合的时候,二者形成的合力,使得高敏感人士发挥出最大的力量。

下面让我们一起来看一下"有责任心的幸福"中的一部分吧。

- 认真对待自己相信的事情。

第5章
有责任心的幸福

- **从周围人的笑容中获得巨大的能量。**
- **同时兼顾对自己的认可和对他人的真诚。**
- **考虑全人类的幸福。**
- **即使对象不是自己，看到周围人的亲密举止也会感到开心。**

高敏感人士有礼貌、有责任心，能在第一时间注意到陷入困境的人并伸出援手。他们待人温和亲切，富有同理心。周围人似乎也能看出来"这个人很热心"，因此很多高敏感人士常被问路，甚至在国外也会如此。

认可自己为人处世的态度，同时不丧失对他人的真诚，当这两点并存的时候，高敏感人士能够最大限度地发挥力量。

例如，在身体护理领域，高敏感人士感觉到只学一个流派的技法对客人身体的改善是有限的，因此他们会学习各种流派的技法，以求给客人带来最棒的体验。在销售领域，高敏感人士则会为客户提供最周到的售后服务，客户通过口口相传前来消费，自己无须主动推销也能卖出高价商品。认真对待自己相信的事情，这会给自己和客户双方都带来好的结果。

高敏感人士
的幸福清单

第 5 章
有责任心的幸福

延伸有责任心的幸福
——做自己认为"好"的事情

高敏感人士的责任心不仅体现在对身边人上，也体现在对关系疏离的人、地球环境、动植物等的关心上。

工作上他们也不会满足于"自己好就好"，而是会很自然地"想让他人开心，想让世界变得更好"。因此，高敏感人士要想充分发挥自己的力量，就要做不违背责任心的事。

迄今为止，我见过各行各业的高敏感人士。销售、行政、工程师、护士、医生、教师、艺人、秘书、传统手艺人、企业管理人员……无论是什么职业，能够保持在心情愉快的状态下工作的高敏感人士都有一个共同点：把自己认为"好"的事情作为工作。

常有从事销售职业的高敏感人士对我说："如果是自己发

自内心觉得好的商品，我会充满自信地将它销售出去。但有时必须销售自己不喜欢、不认可的商品，这让我很痛苦。"乍一看可能觉得这是很自然、很普遍的现象，但在这个世界上，不少人会因为"这是工作"而去销售自己不认可的商品。

高敏感人士感受力强，不能容许心中有哪怕一点点的违和感。只要他们认为"我并没有那么认可这件商品""客人其实不需要这个"，那么每次销售这件商品的时候他们就会觉得自己在说谎，这样的压力会不断地在心中累积。相反，如果他们认为"我认可这件商品""这个对客人有用"，他们就会充分利用自己的敏感在销售方式上下足功夫，热情地向客户推销，如制作简单易懂的商品说明板，或者一边仔细捕捉客户的需求一边跟对方交流等。

高敏感人士要想在工作中毫无顾虑地发挥自己的能力，就有必要从事自己认为好的事情。

然而认为什么是"好"，这一点因人而异。这里的"好"与"坏"不同于世俗意义上的"好"与"坏"、收入的"好"与"坏"，或者他人口中的"那份工作真好啊"，归根结底，重

第 5 章
有责任心的幸福

要的是自己如何看待这份工作。

我试着询问了一些高敏感人士，发现对于同一件事他们也可能会有完全相反的价值观。

在杂货店工作的A先生喜欢便利型商品和创意商品。据说他的乐趣是对即将上架的新商品，一边预测"接下来这个会不会卖得很好"，一边下单。

而在杂货批发商场工作的B先生看到低价商品大量流通，心里很不是滋味儿。"希望大家爱护地球资源，使用能够长久使用的物品"，意识到自己的这种想法后，他目前正在考虑换工作。

A先生和B先生的共同点是两个人都从事"杂货"相关工作，但他们的想法却大相径庭。对A先生来说，和杂货打交道是幸福的，但对B先生来说，杂货却是和人类幸福相违背的。在此我并不意在评价孰好孰坏，只想说明每个人心中对"好"的定义不同。

自己认为什么是"好"，换句话说就是自己重视和珍惜的是什么。如果从事对自己而言"好"的工作，那么每次工作的时候就会想"今天也做了好事啊，太棒了"，内心也会感到十分满足。

延伸有责任心的幸福
——不必过分帮助他人

"一个看上去不舒服的人上了公交车,于是我给他让了座。"

"同事似乎在寻找一个倾听者,于是我问他'发生了什么事'。"

就像这样,高敏感人士总是能第一时间注意到周围人的困扰,并向对方伸出援手,这正是这类人的优点之一。在职场上他们也会默默关注周围的人,有的高敏感人士还会将他人的喜悦转换为自己的能量:"听到对方说谢谢,我也变得有精神了。"

另一方面,我也常听到这样的声音:

"自顾不暇的时候一直听朋友讲话,感觉筋疲力尽。"

"部门有棘手的工作我都会带头去做,因此总是忙得不可

第 5 章
有责任心的幸福

开交,周末全部用来补觉恢复体力了。"

如果因为帮助周围的人失去了自己的时间,或者是为"只有自己在做"而感到烦躁,那就是帮助过度的信号。这种时候需要做的是"相信他人的能力",明白"他人会为自己想办法,不必过分帮助"之后,生活会一下子轻松很多。

人对事情的反应速度存在个体差异,有的人在电话响三声后就会接起来,有的人在响十声后才会接。有的人会提早做好风险防范工作,也有的人在实际问题发生后才会采取行动。

高敏感人士容易很快察觉问题,因此他们通常也会很快向他人伸出援手。他们往往会很早就注意到"这里好像很危险""他似乎遇到了麻烦"等,并能在对方拜托自己之前就提前行动。如此一来,"我只是在旁边关注着,他最终靠自己的能力解决了问题""我放任不管,他总会有办法的"这样的情况必然会减少。但是,不知不觉中就会产生"大家都不做事""我不做的话,职场和家庭都会乱套"的感觉。

然而,他人其实比你想象中会想办法。如果不是性命攸关

高敏感人士的幸福清单

的场合,即使你想抢先一步为对方提供帮助,也请千万克制,试着优先考虑自己吧。在旁边默默关注而非立刻上前帮忙,你就会看到他人自己想办法解决问题的场景。例如,当你注意到朋友想要一个倾听者的时候,不必非要像平时一样去问对方发生了什么事,而是珍视自己内心的声音,如果你觉得自己已经因为自己的事情筋疲力尽,无暇再去倾听对方诉说,那么,你的朋友自然会去找别人倾诉,也许这个时候你将会意识到"我不必自以为是地认为'她没有我就不行'"。

又或者在职场上,当你遇到棘手的问题,并且因为要做的事情太多而感到焦急的时候,请你将自己放在第一位,把那些平时加班都要全部做完的非自己分内的工作留到有空的时候再做吧。在这期间你会发现相关责任人会自主完成这些工作,这时你会意识到放任不管也是一种解决办法。

当你真切感受到"他人会为自己想办法""他人比我想象中能干"时,你会轻松很多。

相信他人的能力,便不会再担心"这个没问题吧,要不要

第 5 章
有责任心的幸福

我先……"，而是用行动告诉他人，"只有在事态真的糟糕的时候""只有被拜托的时候"你才会采取行动。而后你终将明白"事情总会有办法的""不必过分帮助他人"。这样一来，你会从"我必须做点什么"的紧张情绪中逃离出来，也更有余力去感受周围人的善意。

关于"不必过分帮助他人"我还想告诉大家的一点是，"为自己的责任全力以赴，社会就会变得更好"。

"我其实想辞掉现在的工作，但一想到辞职会给其他同事增加负担，我就犹豫了。"

"当我召开高敏感人士聚会时，发现大家比我想象的还要烦恼。我本想营造一个可以让大家和和气气聊天的空间，但现在我在想是否也可以为大家提供咨询……"

高敏感人士就是这样，看到有困难的人就忍不住会想为其做点什么，尤其会让他们感到犹豫的是"按照自己的想法做的话，（可能）会给别人添麻烦"。

不是想"我想这样做"而是想着"这样做比较好"的时

刻；不是想"我想成为他那样的人"而是想着"必须成为他那样的人"的时刻；"为了大家……"这句话出现的时刻。这些时刻，你都在朝着偏离自己本心的方向前进。

当你一边忍耐一边"为了他人"努力时，你会想得到回报，想要得到对方的感谢，或者产生"我都做了这么多，你也来做吧"的想法，要求对方也付出辛劳。有时你还会把自己任性的行为合理化，质问对方："我都做了这么多，稍微宽容一点不就行了吗？"

因此，即便是为了对方着想，如果其中有忍耐的成分，就无法全力以赴，和对方的关系反而会变得不融洽。

人在做自己想做之事的时候能发挥最大的能力。所以，请坦然面对自己的内心，朝着内心"想做"的方向前进吧。

通过为高敏感人士提供工作相关的咨询服务，我深切地感受到，每个人"想做的工作"千差万别。因此，对于自己不适合以及会产生违和感的工作，请你交给这个世界上"想做并且擅长"的人，而自己则为自己想做的工作全力以赴吧。

第 5 章
有责任心的幸福

你无须成为一个多面手，只需要在展现自己想法和特长的同时做想做的事，唯有如此才能吸引到对自己的想法产生共鸣以及认可自己做法的人。重视自己的想法，坚持自己想做的事，这样才能兼顾"为自己"和"为他人"。

我认为，为自己的"责任"全力以赴，从结果来看，能最大限度地让世界变得更好。

高敏感人士
的幸福清单

如何应对事故、事件、灾害等新闻

本章最后,我想告诉大家如何应对事故、事件、灾害等新闻。

如前文所言,高敏感人士具有很强的共情能力,能深刻理解他人的悲伤和痛苦。因此有时候会出现以下情况:

- 看到有关事故、事件和灾害的新闻时,即使自己不是当事人,也会消沉好几天。
- "为什么会这样""现在情况如何",随着对新闻的持续追踪,会越来越难受。

这种时候高敏感人士该怎么办呢?应对方法的关键在于以下三点。

1. 接纳自己的情绪

作为高敏感人士的你往往过于为当事人着想,也常常会有

第 5 章
有责任心的幸福

"不要觉得自己很痛苦""因为我身处安全的地方,所以不能说害怕"等压抑自己情绪的想法。

然而,即使不是当事人,在面对事故、事件、灾害等新闻时,也会感到悲伤、害怕、无法接受……各种情绪涌上心头,对于人来说这些都是很自然的反应。

不必强迫自己压抑情绪,你只需要轻轻点头,承认"是的,我很伤心",也可以试着向身边人或者值得信任的人倾诉"发生这样的事情我很难过"。

2. 不要放大难过的心情

一旦发生重大事故、事件或者灾害,所有报道都会"清一色"地指向这件事。如果你觉得看到这些报道很难过,就请尽量远离这些信息,直到自己的心绪安宁下来。

不看报道并不等于冷漠,等情绪稳定之后再来思考自己可以提供什么帮助,这样反而比较好。

3. 了解信息时,选择以事实为依据的信息

想了解状况或者想提供帮助的时候,我建议大家采取以下方法。

- 避开煽动观众情绪的节目和碎片化的网络报道，尽量选择客观、完整的新闻和广播。
- 从非政府组织（Non-Governmental Organization，简称NGO）和非营利组织（Non-Profit Organization，简称NPO）的主页获取信息。

NGO和NPO等组织的活动信息会发布在其主页上。如发生灾害的时候，相关组织会发布"已有XX名志愿者进入当地，为受灾群众做饭""救灾物资已送达当地"等信息。了解这些后续的支援信息比只看到现场情况更能让人安心，同时也可以通过这些组织进行个人捐款等，贡献自己的一份力量。

第 5 章
有责任心的幸福

捐款：让心灵平静，让世界变好

我建议大家在能力范围内尽可能持续进行捐款。我从几年前开始每个月向NGO和NPO进行定额捐款。这样做的契机是一位救灾经验丰富的人告诉我"灾害发生后，短期内会有大量志愿者进入现场，善款也会大量涌入，但一段时间过后这些就会骤然减少"。

近来，捐款的形式多种多样，如卖掉二手书和名牌商品，将所得的钱捐给NPO；在家乡纳税时通过地方政府向公益组织捐款；以众筹的形式解决社会问题等。

我采取的方法是登记为公益组织的"月度支持者"（每个组织的称呼不同），每月固定从信用卡上扣取一定的金额作为捐款。自从我开始持续捐款，每次发生灾害的时候，内心那种"我必须做点儿什么"的焦虑就在很大程度上得到了缓解，这

高敏感人士
的幸福清单

是意料之外的衍生效果。

"我必须做点儿什么"是在"自己本可以做些什么,但是还没有做"的时候会有的心情。我认为,只要切实感觉到自己已经做了力所能及的事,哪怕是一点点,焦虑也会缓解。现在,我的方法是,平时定期捐款,灾害发生时心情稳定下来之后再额外增加捐款。

刚开始捐款的时候,我的认知还停留在"说到捐款就想到红羽毛基金❶"的阶段,完全不知道有哪些公益组织以及它们各自的作用。后来,通过阅读组织代表写的书和社交网络上的信息,我才逐渐了解了灾害现场面临的具体问题以及各组织提供的帮助。

针对如何解决社会问题,每个组织采取的措施不同,各有特色。有"为单亲家庭的孩子提供入学救助金""为有困难人士提供电话咨询"等直接为当事人提供帮助的组织,也有专门

---

❶ 红羽毛基金是指"红羽毛"女性健康援助基金,最早是由英国皇家空军飞行员隆纳·济世上校于第二次世界大战后创立的国际性福利机构。目前全球已建有350个济世之家,其统一的标志——一片红色的羽毛,已成为世界非官方爱心组织的象征。——译者注

第 5 章
有责任心的幸福

在网络上发布信息的组织,还有致力于动员政界人士收集群众建议,并将这些建议反映在政策上的组织。

除了捐款外,我们还可以通过各种方式提供支持,例如,做物资登记和分配的志愿者等,可以根据自身情况选择适合自己的方式。

第 6 章

共情力强的幸福

放下"相互理解",和大家一起开怀大笑。

高敏感人士在意他人的感受。

因为尊重他人、善于体谅他人,所以很多高敏感人士是好的倾听者。

共情对象不仅是"人",也包括"物"和"场所"。

高敏感人士可以通过接触人、物、场所等让人产生深刻共情的对象,改善自己独有的生活方式。

人际关系中,如果高敏感人士可以放下"想要相互理解"的念头,就能和对方建立更融洽的关系。

何谓共情力强的幸福

高敏感人士的特质之一是具有很强的共情能力。

据了解,与非敏感人士相比,高敏感人士脑内的镜像神经元(能够让人产生共情的神经细胞)更为活跃。高敏感人士比非敏感人士更容易受到周围人情绪的影响。对方开心的时候自己也会开心,对方失落的时候自己则会为他担心。

根据我从事咨询工作的经验,高敏感人士不仅对人和动物,对物和场所也会产生深刻的共情。

那么,我们一起来看一下共情力强的幸福都有哪些吧。

- 看到他人开心自己也会开心。
- 看到他人幸福的模样会感到温暖,如看起来其乐融融的一家人、有爱的情侣等。

第 6 章
共情力强的幸福

- 看电影的时候有很强的代入感,能充分感受电影的乐趣,仿佛自己也是里面的角色一样。
- 被美术作品和音乐深深打动。
- 对物品产生共鸣,如欣赏手工作品并沉浸其中。
- 对场所产生共鸣。例如,高敏感人士在文化遗址等庄严的环境下心情会平静下来,在活动中享受良好的氛围。

高敏感人士
的幸福清单

第6章
共情力强的幸福

高敏感人士善于倾听

虽然存在个体差异,但大部分高敏感人士都善于倾听。高敏感人士表示,工作中同事有事喜欢找自己商量,和朋友在一起时也总是扮演倾听者的角色。甚至有的高敏感人士表示:"不太熟的人也会向我倾诉烦恼。"

这不需要一种技巧,而只要尊重对方、认真倾听、深刻理解对方的话。高敏感人士这种细腻的情感使得他们成为善于倾听的人。

面对与自己价值观不同的人,高敏感人士也不会轻易否定对方,而是会去思考对方说话的背景,想着"确实会有这样的想法""这也不错"等,以一种开放、包容的心态来倾听对方的观点。站在说话者的角度思考问题,会让说话者有一种被理解的感觉,能够安心地表达自己想表达的内容。高敏感人士善于倾听的能力也会给周围人带来力量。

选择自己和对方都能接受的倾听方式

前面已经介绍过高敏感人士善于倾听，但是如果你"听着听着觉得真累啊"，不妨回想一下：自己原本就想听对方说话吗，还是出于一种义务感，觉得"我必须听"。

只有双方都"想说、想听"的时候，对话才能让人的状态变好。双方交替扮演倾诉者和倾听者的角色，"听了说，说了听"，这样才能获得满足感。如果你的真实想法是"不想听"，则无法进入愉快倾听的状态。

人的精力毕竟有限，如果有"自己一个劲地说话，但不想听对方说"，这样只顾自己的人，听他讲话会很累。

因此，与人交流之前，你需要先确认自己的真实想法，如果不想听，甚至觉得厌倦的话，与其勉强自己寻找高明的倾听技巧，不如先把精力放在不被对方"抓住"，或者被"抓住"

第6章
共情力强的幸福

的时候迅速逃跑吧!

你可以告诉对方:"我现在的状态不适合听你讲话,不好意思,下次吧。"你也可以告诉自己:"听这个人讲话费劲,快逃!"

善于倾听固然是高敏感人士的强项,但这最终需要为自己的意愿服务。

"只在自己想听的时候倾听他人的诉说"是基本原则。尽管如此,有时候你还是无法逃脱。这种时候怎样做才能既不否定对方,又能让自己在倾听时更轻松呢?关键不在同意、共情,而在于"理解"。承认对方讲的话是"对对方而言的事实",站在这样的立场上倾听,就会想"这样啊,对这个人来说是这样的啊""这个人现在是这样想的啊",等等。虽说是"承认",但也不必想得太严重,只需要在对方讲话的时候,像在对方的话里啪啪盖章一样附和道"是啊""(对你来说)是这样的"就可以了。

使用"嗯嗯""原来如此""这样啊"等中立的语言来附和对方的话,即便不明确表示同意或否定,也能展现出"我在听"的温暖姿态。(顺便说一句,我在从事咨询工作的时

候,基本上是以"嗯嗯""原来如此""这样啊"的语言回应来访者的。)

对"自己不这么认为"的事情表示同意、产生共情,是强行扭曲心情的行为,会增加倾听的负担。但是,如果承认"对你来说是这样的",就能在与对方的想法保持距离的同时不加否定地倾听对方诉说。

"原来是这样啊。"如果你一边按下印章(附和)一边轻松地倾听,对方也会敞开心扉,说出自己讲话的背景:"我这样说是因为……"了解了对方的情况之后,你自然而然地会与对方产生共情,这个时候你可以向对方坦率地表达自己的感受,比如"那真是很辛苦啊"等。

共情是人自然涌现的一种心理,而不是强迫自己"我必须产生共情"。使用"这样啊"的附和语,即使你不勉强表示共情或同意,也能温柔地倾听对方的话。

第 6 章
共情力强的幸福

共情能力首先用于自身幸福

在此我想告诉各位高敏感人士，请将你们天生的共情能力首先用于自己的幸福吧。

高敏感人士能很好地注意到他人的心情和状态，因此才能站在对方的立场体谅他人。但是一味地照顾对方的话，和别人在一起时反而会增加自己的负担。

高敏感人士原本就是能轻易从与周围人的亲切互动中感到快乐的人，因此有必要和让自己感觉"跟这个人待在一起太累了"的人保持距离，多和那些让自己感到舒服自在的人相处。

优先考虑自己是很重要的，哪怕你认为这有点自私。也许有人会想，如果以自己为先，会不会给他人带来麻烦呢？这一点请放心，当自己得到满足时，内心会变得安宁，自然会有不同以往的动力去体谅身边的一切。你不应因为不安而认

为"我必须……",而应该是建立在安心感的基础上,被"我想……"驱动产生行为。"只是因为我想那样做所以就做了,如果因此能让别人开心我也会开心,没有的话也没关系"。

再者,因为高敏感人士具有很强的共情能力,所以他们不会觉得"只要自己幸福就感到满足了"。

我的来访者也是如此,身陷困局的时候,他们主要谈论的是自己。但是一旦恢复状态,就会说"我想为家人出自己的一份力""我想帮助跟我一样遇到麻烦的人"等。此外,他们还时常关注社会问题。

第 6 章
共情力强的幸福

正确引导自己的感受

提供择业相关咨询的时候，我常常遇到这样的来访者："别人总爱来找我商量事情，因此我觉得成为一名咨询师也不错，但是我听到他人的烦恼又会感到心情沉重。"

高敏感人士共情能力强，很能理解他人的心情并代入其中。正因如此，这类人才需要正确引导自己的感受。

人生有三个时期，它们分别是：治愈痛苦的时期、归零时期和探索爱与快乐的时期。

人生有高峰也有低谷，我们都要经历这三个时期，并最终朝着幸福的方向前进。

当人身陷痛苦的时候也容易察觉到他人的痛苦，并向其靠近。然而，当人的痛苦被治愈，负面状态归零（严重的烦恼几乎被消解），开始以自己的方式往前走的时候，会对停留在痛

苦世界中的人、事、物产生违和感。当自己所烦恼的事情已经成为遥远的过去时,人们会发自内心地不想再去靠近现在正在承受痛苦的人。一直以来都在关注他人痛苦的人,如果内心觉得"难过已经够多了""我接收了太多他人的痛苦",那么就请把注意力放在自己的幸福上吧。

第6章
共情力强的幸福

因为自己经历过痛苦，所以短期内会去关注他人的痛苦，但实际上自己更喜欢明朗快乐的事物，觉得那才是适合自己的。即使这类人选择咨询行业，我也不建议其从事以消解痛苦和烦恼为目的的心理咨询工作，这类人更适合做指导他人如何更好地发挥能力的顾问。

重视自身幸福，并不等于对现在正在承受痛苦的人视而不见，而是说首先要让自己幸福地生活，尽情追求安心和喜悦，然后再力所能及地帮助他人。不必过分被他人的痛苦牵绊，坦诚地把目光投向自己今后想要感受的、想做的事情吧。

因为想做而去做的事，让自己幸福的同时也会给身边的人带来幸福，出于喜欢而工作的人的态度认真、富有创意，元气满满的工作状态让人看着心情就很好。工作自不必说，兴趣爱好和家务同样如此。最重要的是，不管是兴趣爱好还是家务，做自己想做的事，内心会得到满足，变得丰盈。身处幸福状态中的人，自然也能温柔地对待家人和身边的人。

因此我认为，引导自己的感受，让自己幸福，能够最大限度地让世界变得更美好。

高敏感人士
的幸福清单

为什么"不擅长闲聊"

对共情能力强的高敏感人士而言,和周围人进行温馨的交流格外重要。常有高敏感人士跟我讲,他们一方面想和同事搞好关系,另一方面又"不擅长闲聊""和周围的人聊不来,觉得很寂寞""对大家觉得有趣的话题不感兴趣,无法加入"。那么,我们可以从以下几个方面来分析这个问题。

"不擅长闲聊"可以分为三种情况。(我认为不用勉强自己和他人闲聊,所以以下内容只适用于那些说"我希望我可以学会聊天"的人。)

1. 不喜欢对方

如果你不喜欢对方,你内心的声音是"我对这个人不感兴趣,不想跟他打交道,那么即便聊起来也话不投机"。

如果职场上有很多自己不喜欢的人,那这份工作或许并不

第6章
共情力强的幸福

是你真正想做的。有一个这样的例子：喜欢与人交流，适合从事接待、销售等工作的人，因为想着"我不适合细致的工作"而去做了行政，结果和同样做行政的同事聊不来，反而和销售人员关系更好。这是因为做自己不擅长的工作，很容易和身边的人在价值观等方面产生偏差。

这种时候，与其勉强融入周围，不如多和本部门外自己想亲近的人交谈，或者找到一个可以安心休息的地方等，试着寻找能让自己放松的方式。

2. 倾向于深入交谈

如果你倾向于深入交谈，就会觉得轻松的闲聊没有意义，从而讨厌闲聊。

高敏感人士的感受细腻丰富，并且习惯深度思考，因此他们身边很少有和自己有相同感受的人。比起很多人在一起闲聊，他们更想和少数人进行深入交谈。在工作间隙，比起谈论电视节目，他们更愿意就工作的可改进之处展开交流。即使观看同一部电影，他们也比其他人更容易代入感情。

聊不到一起既不是自己的原因也不是他人的原因，只是

思考的深度不同和感知方式不同而已。正如人的身高有高有矮，思考到什么程度是"刚刚好"也因人而异。这只是个体差异，并没有高下之分。如果把周围人比作热带鱼的话，那自己就是深海鱼。人与人之间不存在孰优孰劣，只是不一样，仅此而已。

如果你认为"和周围的人聊不来""闲聊没有意义"，就去寻找你的深海鱼同伴吧。你应该做自己想做的事，发出信号，去寻找能够深入交谈的对象。无论是在工作中还是私下，如果你能够找到一个可以深入交谈的对象，内心就会得到满足，也会开始享受闲聊的乐趣，觉得"偶尔闲聊一下也不错呢"。

如果你想找一个能够倾诉细腻情感的对象，我建议你去参加高敏感人士的聚会。在那里你会找到跟自己有同样感受的人，并因此而感到安心。寻找高敏感人士聚会可以在网络上搜索"高敏感人士茶话会""高敏感人士交流会"等，日本各地都会举办此类聚会。

3."说了自己的事也没人理解"的防御心理

在几种不擅长闲聊的情况中，比起谈话内容，"感觉不到

第6章
共情力强的幸福

与对方心灵相通"更让人感到寂寞。

如果你在成长过程中常被否定,或者缺乏被深刻理解的经验,那么,不知不觉中就会产生"说了自己的事也没人理解"的认知。如果没有"可以说出自己的想法"的感觉,那你在对话中就只是在配合对方。总觉得无法说出自己的真心话,于是一味地听对方讲,这很无趣。这时候不要说从对话中获得能量了,对话本身已经成了一种负担。

这种情况下,我建议哪怕是微不足道的小事,只要在脑海中浮现出来,你就要大胆地表达出来。即便不是对对方有用的事情,即便没有头绪,只要想到了,你就可以试着将它宣之于口。

"在这个世界上,说出自己的想法是能被理解的(即便在成长的环境中不被理解)。"

"人真是温柔的生物啊。"

产生这样的感受之后,和他人交流过程中的防御心理就会慢慢瓦解,你就能从"一味地倾听"转换为"边听边说",比以前更能享受闲聊的乐趣。

高敏感人士
的幸福清单

符合上述第三条的各位,也请务必试着寻找与自己心灵相通的人。如果遇到一个能说真心话的、能深入交流的人,你就会明白"与人心灵相通"是怎样一种奇妙的感觉。哪怕只是跟对方说一句"今天好冷啊",心里也会暖暖的。即使是自己不感兴趣的话题,如果对方说得很开心,你也会觉得"原来这个人喜欢这个啊""真好啊"。那个时候你会发现,不管谈话的内容和深度如何,你们的心都是连在一起的。

一点点地说出自己的感受,理解对方的感受,和他人在一起的时光也会变得更愉快。

那么,如何才能找到能够说真心话的、合得来的人呢?方法之一是向外输出,这是通过表达自己的想法来让同伴找到自己的方法。

另一个方法是从小事做起,做自己想做的事。相对于向外输出的"被找到",这是"自己主动寻找"的方法。

当你开始做自己想做的事,自然会遇到投缘的人。这里所说的投缘不仅是指"趣味相投",还指你们看重的东西和人生态度都很相似。

第6章
共情力强的幸福

例如，当你开始练瑜伽之后，会遇到同样想要照顾好自己身心的人；去参加高敏感人士的聚会之后，会遇到同样想结识高敏感人士的人；当你开始做副业之后，会遇到同样想把喜欢的事情变成工作而开始努力的人，即便你们的工作内容不同。

无关年龄与身份，去想去的地方，做想做的事，你就会遇到能够深入交流的"人生的同伴"。

即使你现在觉得"没有心灵相通的人"也没关系，要相信世界广阔，一定有这样的人存在。

我接待众多来访者之后的切身感受是：遇到一个与自己心灵相通的人之后，就会遇到两个、三个……

当你遇到一个心灵相通的人之后，一直以来坚信的大前提"没有"就会被推翻，变成"有"。以"有"为前提和人打交道，你就会注意到"啊，这里也有（心灵相通的人），那里也有（心灵相通的人）"。

某位高敏感人士曾说："我和朋友聊天时很笨拙，我也没有可以倾诉心声的对象。"直到他遇到一位比自己年纪稍长且可以说心里话的人。两个人关系越来越好，最终成了好朋友。

高敏感人士的幸福清单

  还有一位高敏感人士,他从中学起就无法融入周围热情的氛围,觉得"我的想法是不是哪里有问题",后来他通过在博客上抒发自己细腻的情感,遇到了关系很好的伙伴。

  这个广阔的世界上,一定存在能与你心灵相通的人。不是一两个人,而是有很多。所以请试着发出信号、去想去的地方、和想靠近的人搭话,跟随自己的内心行动,那样相遇的概率就会提高。请在广阔的世界去与你心灵相通的人相遇吧!

第 6 章
共情力强的幸福

以深刻共情为向导，重拾自我

高敏感人士的共情能力不仅对人，对物和场所同样起作用。他们能够以强烈的共情为导向，让人生朝着自己的方向前进。

为了说明这一问题，让我们重新来看看何谓共情吧。共情是由交流产生的，而交流又是有层次的。

我们通常是在思维世界中交流，在职场上尤其如此。业务汇报、联络、商谈等出于某种目的的交流，是一种典型的在头脑中进行逻辑思考的交流，具有很强的互惠互利性。

思维世界的下一层是内心世界。正如"推心置腹"这一说法，真心不在思维世界，而在内心世界。

而内心世界中，"共情"又位于比"真心"更深的层次。首先有"总觉得很不错""这个人的文章很有感染力"等轻微

高敏感人士
的幸福清单

交流的层次

思维世界

互惠互利

真心

内心世界

共情（浅层）

共情（深层）

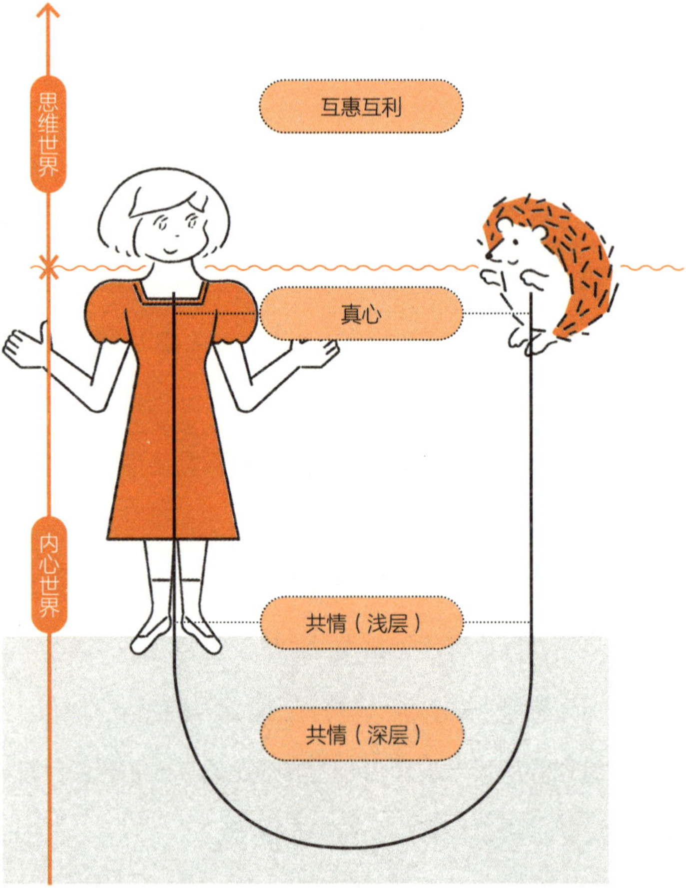

第6章
共情力强的幸福

的共情，然后再有超越个人领域的深刻共情。例如，欣赏艺术作品时产生的超越时代和文化，触及内心深处的共情。

人们可以从各种各样的事物中感受到深刻共情。是否有诸如音乐、餐具、绘画、文创产品等让你"一触摸到那个世界内心就会平静下来"的事物呢？这些比起一句轻飘飘的"真好啊"，能让你产生更加深刻的共情。当你看到、听到、拿在手上，思绪就会平静下来，呼吸也会变深，不禁感叹"是啊，是这样的"。

无论是音乐，还是物品、场所，能让人产生深刻共情的事物，都是自己生活中所珍视的事物——人生的指南。这样的事物，对有的人而言，是坐落于乡野的民宿。当他置身于静谧的空间时，会觉得这里才是自己的主场。而对有的人而言，是精致的包。具有匠人气质的人接触到高品质的物品时，会产生"我也想做出这样的东西"的想法。

即使你被卷入忙碌的日常生活而迷失了自我，也能以深刻共情为向导，重拾自我。

放下"相互理解",和大家一起开怀大笑

前面已经向大家介绍了自主选择所要感受的事物的重要性以及找到心灵相通的人的方法,最后想告诉大家的是"放下'相互理解',和大家一起开怀大笑"。

无论是在职场,还是面对朋友或伴侣,构建愉快人际关系的关键都在于"让自己和对方自由"。和对方吵架的时候,或者很难沟通的时候,你内心或许会有"想要相互理解"的想法。然而,嘴上说着"想要相互理解",却又希望对方和自己有同样的想法和感受,这样的情况也是不可避免的。只有你放下"相互理解"的想法,才能与具有不同想法和感受的人建立良好的关系。

相互理解,也就是相互之间产生共情,这是非常重要的,它能让人获得能量。然而,一个人无法和所有人相互理解,即

第 6 章
共情力强的幸福

便是家人和朋友,也不可能在所有事情上都相互理解。

如果想"相互理解"的想法太过强烈,就会被对方的态度牵着鼻子走,"你怎么就不能理解我呢"这样的想法很容易让人感到焦虑。"为了让对方理解,我说了很多遍,但对方还是不理解",这种时候请试着把目标从"被人理解"切换为"提供信息"。不是"想让对方理解""想让对方接受",而是"我是这么想的",坦诚地向对方提供信息。"希望得到理解""希望得到共情""希望被接受"等都是对对方的控制,试图改变对方反而会让对方产生抗拒心理。

告诉对方自己的想法和希望对方做的事是你的事,对方接收到信息后是否接受、是否产生共情则是对方的事,是由对方决定的。告诉对方"我是这样想的",有时会被理解,有时不被理解,这都没关系。放下对对方的控制,自己和对方都能获得自由。如此一来,你便可以与和自己想法、感受不同的人建立起舒适自在的关系,从而与更多人建立和谐的关系。

高敏感人士的幸福清单

接受差异，世界会变得更广阔

从事咨询工作让我感受到了"接受差异"的力量。被告知"明白，我也是这样想的"固然让自己很开心，但那只代表对方的想法和自己一样。如果自己的所有发言都得到赞同或共情，就好像自言自语一样。那么，无论怎么和对方说话，你都无法跳出自己的边界，永远都是寂寞的。

"这样啊，虽然我不知道，但对你来说是这样的啊"，只有像这样出现差异的时候，才能触摸到人所拥有的温暖的心——对他人的体谅、接受差异的度量，世界也由此而变得更宽阔。

当你觉得"这个人在努力理解我"时，对方的话就能传达到你的内心。你一旦被他人接受，对于自己的想法和感受被拒绝的恐惧也会随之消失，你会开始倾听与自己不同的意见。

第 6 章
共情力强的幸福

接受差异之后被告知"我是这样想的""我觉得也有这种想法",会使你有更深的领悟。你会突然意识到,除了自己的想法以外,世界上还存在各种各样的想法,而且这可能是件好事。

结束语

接纳自己，拥抱世界

倾听自己的内心，与自己相连。

感受天空的美丽，与天空相连。

体会他人的温柔，与他人相连。

所谓"感受"，就是将对象的一部分融入自己的内心，我认为这是一种"联结"。当我们专注于身体和内心的感觉，与自己建立联系的时候，内心的安心感会扩散开来。

忙碌的日常生活中，敏感的触角很容易让我们捕捉到身边的大事小情，但首先请与自己建立联系，然后再以最真实的自我和周围建立联系，这才是感知幸福的基础。

在书写本书的过程中我再次体会到，敏感是与我们共存的东西。尽情感受、深入思考、深刻体会，这样的敏感对高敏感人士而言，是自身的重要组成部分。它不是作为武器和工具来

结束语
接纳自己，拥抱世界

"使用"的，我们要伴着"感受什么都可以，没关系的"的信念生活，自在成长。

我们要从"更快、更好"这种追求效率和生产率的生活方式中解放出来，转向"天空真美啊""这个太好吃了""发呆的时间真舒服"等这样尽情感受幸福日常的生活方式。

最后，希望本书能给你带来幸福。

在此对我目前为止遇到的所有高敏感人士表示由衷的感谢。从与大家的谈话中，我深刻感受到了人所拥有的诸多温柔和坚强。"虽然有很多关于高敏感人士的书，但我想知道的不是如何消解烦恼，而是怎样面对未来"，告诉我这句话的编辑吉田先生、为本书绘制美丽插图的插画家北泽先生、设计师小川先生，还有一直守护着我的家人，衷心感谢大家。

武田友纪